Julian Parish

Praxisratgeber
Klassikerkauf

Mercedes Benz W 123

Alle Modelle von 1976-1986

HEEL

HEEL Verlag GmbH
Gut Pottscheidt
53639 Königswinter
Telefon 0 22 23 / 92 30-0
Telefax 0 22 23 / 92 30-13
Mail: info@heel-verlag.de
Internet: www.heel-verlag.de

Der Originaltitel „The Essential Buyer's Guide Mercedes-Benz W 123 – All models 1976 to 1986" ist erschienen bei:
Veloce Publishing Ltd.
Parkway Farm Business Park,
Middle Farm Way
Dorchester DT1 3AR
England

Übersetzung ins Deutsche: Michael-Alexander Seitz

Lektorat:
Jost Neßhöver

Titelbild: Jörg Hajt
Fotos: Daimler AG, Archiv des Autors

Satz und Gestaltung: Ralph Handmann, Bonn

Druck und Verarbeitung: D+L Reichenberg GmbH, Bocholt

Printed in Germany

ISBN: 978-3-95843-881-1

Inhalt

Einleitung – Der Sinn dieses Buches

Selbst in der langen Geschichte des Herstellers nimmt die Baureihe W 123 eine besondere Stellung ein. „Beste Limousine aller Zeiten" oder „prägend für eine ganze Generation" – solche Zitate fallen häufig und belegen, wie erfolgreich Mercedes-Benz mit dem Anspruch war, ganz einfach das Maximum an Qualität zu produzieren, ohne Rücksicht auf Aufwand und Kosten – eben ein Auto, wie es Ingenieure entwickeln, nicht deren Kollegen aus Buchhaltung oder Vertrieb. Seit der Markteinführung sind mehr als 40 Jahre vergangen, eine lange Zeit, nach der auch der 123 Schwächen zeigen kann. Die vorliegende Kaufberatung soll dabei helfen, ihnen auf die Spur zu kommen, und gibt auch einen Überblick über die große Modellpalette.

Die Entwicklungsarbeit am 123 beginnt 1968, der Vorgänger, der sogenannte Strichacht, war gerade erst in den Verkauf gegangen. Gegenüber dieser ebenfalls erfolgreichen, werksintern als W 114/W 115 bezeichneten Baureihe galt es vor allem, Fahrkomfort und -sicherheit weiter zu verbessern und die Wartung zu vereinfachen. Das Ziel erreichte man unter anderem mit der aus der S-Klasse W 116 übernommenen Doppelquerlenker-Vorderachse mit Bremsnick-Ausgleich und mit einer weiterentwickelten Knautschzone, die beim Frontalaufprall mehr Sicherheit bot. Der W 123 war insofern eine Kombination aus bewährter Technologie und modernen Erkenntnissen.

Äußerlich wirkte der W 123 deutlich moderner als sein Vorgänger, was vor allem an den horizontal eingebauten Scheinwerfern lag, also dem neuen Mercedes-Gesicht, das die S-Klasse und der SL der Baureihe W 107 vorgaben. Heutzutage schätzt man den W 123 nichtsdestotrotz sofort als Klassiker ein dank seines üppigen Chromzierrats und der in Wa-

Von zwei bis fünf Türen: Den 123er gab es als Coupé, als Limousine und – ganz neu – als T-Modell.

Im Offset-Crashversuch beweist der 123er sein Stehvermögen.

genfarbe teillackierten Radzierblenden. Stilistisch trennen ihn Welten von den Nachfolgern W 124 (später die erste so genannte E-Klasse) und W 201 (190er).
Wie sein Vorgänger wurde der W 123 zunächst nur als viertürige Limousine angeboten, ab 1977 auch als Coupé und Limousine mit verlängertem Radstand. Im April 1978 folgte mit dem im Bremer Werk gefertigten T-Modell der erste von Mercedes-Benz selbst produzierte Kombi. Nicht weniger als 17 verschiedene Motoren kamen in den zehn Jahren, die der W 123 auf dem Markt war, zum Einsatz: Benziner mit vier und sechs Zylindern und Dieselmotoren mit vier oder fünf Zylindern. Trotz einigermaßen hoher Preise war das Auto vom Start weg ein riesiger Erfolg. Mitunter gab es dreijährige Lieferfristen.

Auf Anhieb mag der W 123 eher den Kopf ansprechen als den Bauch – eine Limousine in Standard-Ausstattung kommt schon arg nüchtern daher. Das Coupé freilich ist nicht nur dank der B-Säulen-freien Seitenansicht einer der schönsten Zweitürer, die Mercedes je gebaut hat, und der Kombi verbindet Nutzen und Eleganz in einer bis dahin kaum gesehenen Weise. Nicht umsonst ist das T-Modell heute die gefragteste Karosserievariante.

Danksagung

Der W 123 besitzt eine wirklich große Fangemeinde in der ganzen Welt, sodass der Autor bei der Arbeit an diesem Buch von vielen Seiten unterstützt wurde. Herausgehoben werden sollen an dieser Stelle Martyn Marocco vom Mercedes-Benz Club Großbritannien, Leigh Holbrook von ToWiW 123 sowie Rory Lumsdon und Rachel Goodwin von Mercedes-Benz UK. Silvie Kiefer bei Mercedes-Benz Classic in Stuttgart war eine große Hilfe bei der Bereitstellung der in diesem Buch verwendeten Werksbilder.
Ein spezieller Dank gilt dem großartigen Team bei Veloce Publishing, und dort besonders Rod Grainger und Lizzie Bennett.

Die schicke Coupé-Linie wirkt von W 115 über 123 bis zum 124 vor allem dank der vollversenkbaren Seitenfenster ohne B-Säule.

1 Der richtige Wagen?

Körpergröße

Normalerweise findet jeder Fahrer – oder jeder Fahrerin – die richtige Einstellung, um den W 123 komfortabel und sicher bewegen zu können. Besonders groß gewachsene Zeitgenossen kommen im Coupé unter Umständen in Konflikte mit der niedrigeren Dachlinie, es gab aber tiefer eingebaute Sitze als Sonderausstattung.

Machtverhältnisse

Ab Werk wurden nur der 300 D und die 280 Er-Modelle mit Servolenkung ausgerüstet, bei den anderen Varianten musste sie als Extra teuer bezahlt werden. Aber auch die einfacheren Ausführungen sind nicht unbedingt Leichtgewichte und fühlen sich ohne Lenkhilfe schwerfällig an. Auch der lange Betätigungsweg des Gaspedals kann zu dem Eindruck führen, das Auto sei etwas träge.

Garagenmaße

Karosserieform	Länge	Breite	Höhe
Limousine	4725 mm	1768 mm	1438 mm
Coupé	4640 mm	1768 mm	1395 mm
Kombi	4725 mm	1768 mm	1470 mm
Limousine lang	5355 mm	1768 mm	1480 mm
(Fahrzeug leer und betankt)			

Innenraum

Limousine und Kombi bieten komfortabel Platz für fünf Passagiere inklusive Fahrer. Im Coupé, das auf einem 8,5 Zentimeter kürzeren Chassis aufbaut, sollte man auf der Rücksitzbank besser nur zwei Mitreisende unterbringen. Für den Kombi gab es eine dritte Sitzbank, die sich in den Kofferraumboden versenken lässt, nur Kindern Platz bietet und nach hinten gerichtet ist. In der so genannten Limousine lang schließlich können bis zu acht Personen bequem Platz nehmen.

Kofferraumvolumen

Limousine und Coupé weisen mit gut 500 Litern Volumen stattliche Kofferräume auf; längere Gepäckstücke lassen sich aber mangels Durchlademöglichkeit und klappbarer Lehnen nicht unterbringen. Dieses Problem kennen Halter des Kombis naturgemäß nicht, die Rücksitzlehnen lassen sich geteilt umlegen, bei komplett umgeklappter Rücksitzbank bietet der Kombi bis zur Gürtellinie einen vollständig mit Teppichboden ausgelegten Laderaum von 879 Litern, der sich dank einer ausziehbaren Abdeckung auch vor neugierigen Blicken schützen ließ.

Nutzwert

Zuverlässigkeit und Qualität machen den W 123 zu einem sehr praktischen Klassiker, der auch etwas für Einsteiger und durchaus für den Alltagsbetrieb ist.

Einladend: Übersichtlich, sachlich, wohnlich ist das Innere des 123ers.

Schluckfreudig: Die Kofferräume von Limousine und Coupé fassen allerhand Gepäck.

Ersatzteilversorgung

Verschleiß- und mechanische Teile sind im Allgemeinen mühelos erhältlich, auch weil vieles in anderen Mercedes-Baureihen verbaut wurde. Der freundliche Mercedes-Händler kann ebenso helfen wie spezialisierte Teilehändler oder Clubs. Schwieriger kann es bei Karosserieteilen und bei der Innenausstattung werden, insbesondere bei früher schon seltener gewählten Farben, Stoffen und Mustern. Viele Teile werden von Mercedes nicht mehr geliefert und gute Schlachtfahrzeuge sind mittlerweile kaum noch aufzutreiben.

Teilekosten

Die meisten Verschleißteile sind Mercedes-typisch nicht unverhältnismäßig teuer. Für bestimmte Chromteile, etwa für die Zierleiste an der hinteren Seitenscheibe des Coupés, werden allerdings horrende Preise aufgerufen. Mittlerweile wird auch einiges an Zierrat nachgefertigt, hier allerdings können durchaus stattliche Beträge anfallen.

Versicherung

Der W 123 ist zwar durchaus auch heute noch ein alltagstaugliches Automobil, es empfiehlt sich aber, ihn dennoch als Klassiker zu verstehen und entsprechend zu versichern, unter Umständen auch mit einhergehender jährlicher Maximal-Laufleistung.

Wertsteigerung

Coupé und Kombi, besonders mit dem 2,8-Liter-Einspritzmotor oder dem 3-Liter-Turbodiesel, haben bereits eine bemerkenswerte Preisentwicklung nach oben hinter sich und werden vermutlich im Marktwert weiter steigen. Die Limousine hält sich vor allem mit den Vierzylindermotoren preislich zurück und dürfte so bald noch keine nennenswerte Wertsteigerung erfahren.

Schwächen

Der W 123 ist ein äußerst verlässliches Auto und tatsächlich fast ohne unliebsame Eigenheiten. Die Mercedes-typische fußbetätigte Feststellbremse mag manchem als etwas gewöhnungsbedürftige Besonderheit gelten.

Vorzüge
- zurückhaltende, klassische Karosserieform
- hohe Wertigkeit und das Prestige der Nobelmarke
- hervorragende Qualität

Nachteile
- eher behäbige Diesel-Modelle – Ausnahme: 300 Turbodiesel
- wenig sportlicher Appeal – Ausnahme: 280 E/CE/TE

Kontrahenten
- Audi 100, BMW 5er-Reihe, Volvo 240/260

Elegant: Das Coupé ist sehr schick, bietet aber naturgemäß hinten etwas weniger Platz.

Das T-Modell ist besonders begehrt, weil todschick und sagenhaft praktisch.

2 Kosten

Fahrzeugpreis

Vierzylinder-Fahrzeuge in Basisausführung sind wie damals auch heute die günstigste Möglichkeit, hinter das Lenkrad eines W 123 zu kommen. Gutgepflegte Fahrzeuge sollten sich ab ca. 8000 Euro finden lassen, ein wirklich guter 230 E mit ein paar Extras übersteigt die 16.000-Euro-Marke, für einen 230 CE kann man auf diesen Preis in der Regel 30 bis 40 Prozent aufschlagen, zumal die Coupés häufig deutlich geringere Kilometerstände aufweisen. Wie das schon immer war: Der Einstiegspreis steigt in Korrelation zur PS-Zahl, sodass ein später 280 CE mit der werksseitig höchsten Leistung von 185 PS locker auch die 20.000-Euro-Marke knackt. Bis zum Doppelten wird für die jeweiligen Kombis aufgerufen.

Wartungsaufwand

Die Wartung eines W 123 ist weitestgehend unproblematisch. Öl- und Filterwechsel sollten alle 10.000 Kilometer erfolgen, eine so genannte große Inspektion alle 20.000. Die Bremsflüssigkeit sollte nach Möglichkeit spätestens jedes zweite Jahr erneuert werden, Zündkerzen nach 20.000 Kilometern und der Kraftstofffilter nach 40.000.

Der W 123 hat nur wenige elektrische „Helferlein" zu bieten, sogar bei den teuersten Ausführungen waren elektrische Fensterheber aufpreispflichtige Extras. Gut so - was nicht da ist, kann nicht ausfallen, und was kaputt gehen kann, lässt sich in der Regel einfach reparieren. Die folgenden Preise für Ersatzteile sind zum Teil den Listen von Mercedes-Benz Classic entnommen (Stand Januar 2019), zum Teil denen bekannter Ersatzteillieferanten mit Spezialisierung auf klassische Mercedesbaureihen. Es handelt sich nur um eine repräsentative Auswahl. Manches gibt es auch gebraucht, manche Preise sind die aktuell wirklich günstigsten Angebote von akzeptabler Qualität. Es handelt sich um Circa-Preise.

Mechanik

Luftfilter	20 Euro
Kraftstofffilter Diesel	20 Euro
Zündkerzen (4 Stück)	10 Euro
Kühler	ab 90 Euro
Zylinderkopfdichtung	25 Euro
Wasserpumpe	ab 30 Euro
Steuerkette	ab 25 Euro
Endschalldämpfer	ab 90 Euro
Radlager (pro Rad)	ab 50 Euro
Stoßdämpfer	ab 60 Euro
Feder hinten	ab 60 Euro
Hydrospeicher hinten (T-Modell)	ab 90 Euro
Lenkungsdämpfer	ab 25 Euro
Spurstange	ab 40 Euro
Allwetterreifen (175/80R14)	ab 50 Euro
Bremsbeläge vorn	ab 30 Euro
Bremsscheibe vorn (Stück)	ab 25 Euro
Hauptbremszylinder	ab 80 Euro
Batterie	ab 60 Euro

Karosserie

Motorhaube	ab 1000 Euro (Mercedes)
Dämmmatte Motorhaube	35 Euro
Kotflügel vorn	ab 300 Euro (Mercedes)
Kotflügel hinten	ab 500 Euro (Mercedes)
Tür vorn	ab 1200 (Mercedes)
Türdichtung	60 Euro
Dichtung Windschutzscheibe	ab 80 Euro
Gasdruckfeder Heckklappe T-Modell	ab 60 Euro
Hauptscheinwerfer	ab 200 Euro
Rückleuchtenglas	ab 20 Euro
Barockfelge	ab 950 Euro (Mercedes)
Radkappe lackiert	ab 120 Euro (Satz gebraucht)

Typisch W 123 sind die klassischen Edelstahl-Radzierblenden mit dem Zentrum in Wagenfarbe.

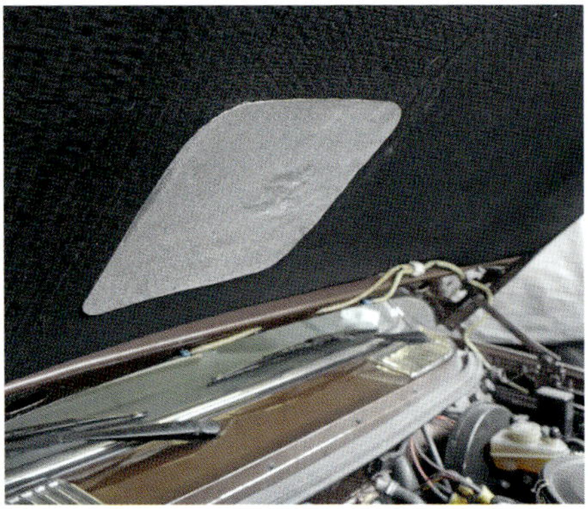

Zu einem sauber erhaltenen oder restaurierten Motorraum gehört eine neue Hauben-Dämmmatte.

Diese Stoßstangenecke muss wahrscheinlich ersetzt werden. Die Aufarbeitung ist aufwändig.

3 Leben mit dem Mercedes W 123

Pluspunkte

Für viele Fans der Marke steht der W 123 geradezu beispielhaft für alles, was einen Nachkriegs-Mercedes ausmacht: mit reichlich Chrom ausgestattet, aber trotzdem von unaufdringlicher Eleganz. Nachdem der Nachfolger W 124 ohne diese äußeren Attribute aufwartete, wird er gerne als „der letzte klassische Mercedes" bezeichnet, zumindest was die mittlere Baureihe angeht. Auch die farbkräftigen Außenlackierungen (rot, orange, gelb und grün) sowie die meist dazu passend abgestimmten Interieurs machen deutlich, dass der W 123 ein Kind der 70er Jahre ist. Natürlich gab es den 123er auch in weniger auffallenden Farbtönen wie silber, weiß und dunkelblau.

Der Fahrer-Airbag ließ sich ab April 1982 als Extra bestellen.

Beinfreiheit: Auch im Fond kommen die Passagiere – hier auf dem begehrten Velours – bequem unter.

Unter der konservativen Hülle war der W 123 aber eine wegweisende Kombination aus bewährter Technik und zukunftsorientierter Neuentwicklung, etwa bei den Radaufhängungen, bei den Bremsen und insgesamt hinsichtlich der Sicherheit. Auch während der Bauzeit wurde der Wagen beständig weiterentwickelt, etwa mit der Einführung der neuen Vierzylinder-Motoren des Typs M 102 im Jahr 1980. Die verstärkte Fahrgastzelle, Dreipunkt-Automatikgurte auf allen Plätzen oder Details wie die zusätzlich versteiften Türen und die geteilte Lenksäule, die bei einer Frontalkollision nachgeben konnte, machten aus dem W 123 eines der sichersten Automobile seiner Zeit. Ausgerüstet mit dem später optional verfügbaren Antiblockiersystem ABS oder gar einem Fahrer-Airbag kann ein W 123 auch im heutigen Verkehr noch als recht sicheres Fahrzeug gelten.

Von den Karosserievarianten hat jede ihren speziellen Reiz. Die Limousine mag etwas spröde erscheinen, überzeugt aber als traditionelles und komfortables Reisegefährt für fünf Personen und deren Gepäck. Wie auch beim Coupé bestechen Details wie die Rückleuchtengläser, deren Licht dank der gerippten Oberfläche auch verschmutzt noch gut zu erkennen sind.

Der Kombi ist natürlich die praktischste Ausgabe. Das üppige Laderaumvolumen und der serienmäßige Niveauausgleich bei schwerer Beladung machen ihn beinahe zum Nutzfahrzeug. Dabei ist er von bestechender Eleganz und teilt sich die hochwertige Anmutung mit den zwei- und viertürigen Schwestermodellen. Mit der dritten, im Laderaum versenkbaren Sitzreihe und Platz für bis zu sieben ist er zugleich die ideale Wahl für den Klassikerfreund mit größerem Familienanhang.

Das Coupé schließlich besticht mit seiner großartigen Eleganz. Das große Stahlschiebedach – ein sehr häufig geordertes Extra – offen, alle vier Seitenscheiben unten und nicht durch eine B-Säule geteilt, fährt es sich unvergleichlich frei und offen, das perfekte Fahrzeug für einen unbeschwerten Ausflug über Land.

Dank ihrer Zuverlässigkeit und der herausragenden Qualität sind alle W 123 auch heute

Raumwunder: Das riesige Ladeabteil der T-Modelle ist ebenso fein ausgeschlagen wie der Rest des Interieurs.

noch problemlose und auch im Alltag zu bewegende Autos. Mit Ausnahme der etwas untermotorisierten Vierzylinder-Diesel reicht auch die Motorleistung vollkommen aus, um im heutigen Verkehr nicht als Hindernis wahrgenommen zu werden.

Minuspunkte

Manch einem heutigen Interessenten mag der W 123 etwas allzu nüchtern anmuten; Limousine und Kombi sind ganz einfach auch heute noch „vernünftige" Autos. Und immerhin verbindet man ja mit einem Klassiker auch eine gewisse Emotionalität und besondere Freude bei der Ausfahrt am Wochenende. Die kleineren Benziner reichen in Punkto Motorleistung zwar aus, besonders agil sind mit ihnen angetriebene W 123 freilich nicht. Die Diesel müssen aus heutiger Sicht eindeutig als untermotorisiert bezeichnet werden – im 200er stemmen sich 55 PS gegen eine nicht gerade schmächtige Karosserie. Der 300 D galt seinerzeit als gut im Futter stehend, aber auch er hat mit 80 PS deutlich weniger Leistung als der kleinste Benziner. Richtig Freude kommt eindeutig mit den Doppelnockenwellen-Motoren in 280 und 280 E auf, die man auch heute noch als schnell bezeichnen kann – nicht von ungefähr hat Mercedes mit 280 Ern einige Rallye-Erfolge eingefahren, unter anderem bei der extrem harten East Africa Safari 1978 sowie mit den beiden ersten Plätzen in der Gesamtwertung für zwei 280 E beim London-Sydney-Marathon 1977.
Aber egal, welche Motor- und Karosserievariante Sie bevorzugen – das Fahrverhalten ist stets über jeden Zweifel erhaben, auch wenn sich das Auto wegen des riesigen Lenkrads mit seinen mehr als vier Umdrehungen von Anschlag zu Anschlag vielleicht etwas behäbig anfühlt.

Stilecht zum Après-Ski: Mit dem Coupé ist man immer gut angezogen.

4 Relative Werte

Die zahlreichen Varianten machen die Wahl unter Umständen zur Qual. Die erste Entscheidung wird sich vermutlich eher leicht fällen lassen: Limousine, Kombi oder Coupé? Dann stellt sich die Frage nach der Leistung: Reicht mir der – sagen wir mal gemütliche – 200er Diesel, oder darf es etwas spritziger sein? Immerhin reicht die Palette bis zu strammen 185 PS und beeindruckenden Fahrleistungen. Weitere Kriterien bei der Suche können ein bestimmtes Baujahr sein oder spezielle Ausstattungsmerkmale. Heute zählt oft die möglichst perfekte Originalität.

Die Karosseriefrage

Mehr als 2,7 Millionen W 123 wurden gebaut, davon 88 % als Limousine mit Standard-Radstand. Es liegt auf der Hand, dass auch heute diese Variante am häufigsten zu finden ist. Anfangs trugen Autos mit Vierzylindern und solche mit dem 250er-Sechszylinder runde Doppelscheinwerfer, ab September 1982 erhielten dann alle Fahrzeuge die Rechteckscheinwerfer, die bis dahin 280 und 280 E vorbehalten waren.

Die Limousine lang (Werkscode V 123) ist ein Sonderfall, wurde in nur 13.700 Exemplaren gebaut und ab Werk ausschließlich mit 2,4 und 3 Liter großen Dieselmotoren oder dem 250er-Sechszylinder-Benziner ausgerüstet. Sie wurde in erster Linie als Taxi oder als Shuttlefahrzeug etwa von Hotels genutzt. Der um 63 Zentimeter auf 3,43 Meter verlängerte Radstand schaffte Platz für eine dritte Sitzreihe – faltbar, aber für Erwachsene geeignet. Auch eine Trennscheibe zum Fahrer war lieferbar. 15-Zoll-Räder, Niveauausgleich an der Hinterachse und verstärkte Bremsen trugen dem deutlich höheren Fahrzeuggewicht Rechnung. Das verlängerte Fahrgestell kam auch für den Aufbau von Krankenwagen und Bestattungsfahrzeugen zum Einsatz.

Etwa 100.000 Coupés wurden gebaut, die meisten mit dem 2,3-Liter Vierzylinder oder als 280 C und CE. Der 2,5-Liter-Sechszylinder blieb eher selten. Für den US-Markt mit seinen besonderen Vorschriften hinsichtlich des Flottenverbrauchs eines Herstellers wurden auch der 3 Liter große Fünfzylinder-Diesel verbaut, 1977 bis 1981 als Sauger, danach bis 1985 als Turbodiesel. Das Coupé wurde in Europa stets mit den Breitband-Hauptscheinwerfern ausgestattet. Es war außerdem deutlich teurer als vergleichbare Limousinen, kam aber auch mit besserer Ausstattung, unter anderem mit Servolenkung und Niederquerschnittsreifen. Als Cabrio wurde der W 123 nie offiziell angeboten, verschiedene Spezialisten, darunter Crayford in England, boten aber Umbauten auf Coupé-Basis an.

Bandbreite: Gediegen und elegant präsentieren sich T-Modell, Limousine und Coupé.

Bis zur Einführung der Baureihe 123 gab es auch Kombis mit dem Stern nur von Karosseriebauern wie Binz oder Universal. Somit stellt die neue Baureihe, die bis zum Erscheinen des W 201 („190er") 1982 im übrigen noch die „kleine" war, einen Wendepunkt dar: Erstmals gab es ab 1978 einen Kombi ab Werk. Werksintern unter dem Kürzel S 123 geführt, trug er für die Kunden das T für Tourismus und Transport im Namen. Das T-Modell ist heute besonders gesucht und erzielt die höchsten Preise, vor allem, wenn es wirklich gepflegt und wenig gelaufen ist. Dank seiner Qualitäten als Lastesel und Zugfahrzeug sind wirklich gut erhaltene Kombis aber äußerst schwer zu finden.

V wie verdammt lang: Die 63 Zentimeter plus bei der Limousine lang machen eine echte Strech-Limo aus dem 123er.

Die Motorfrage

Heutzutage scheiden die Dieselmotoren als ernsthafte Option für die meisten Interessenten vermutlich aus; sie sind einfach zu schwach, und sogar der rare Turbodiesel auf dem europäischen Markt schäumt mit 88 PS nicht gerade über vor Temperament. Auf dem US-Markt wurde der 300 TD mit bis zu 125 PS auch in der S-Klasse W 116 verbaut. In den W 123 außerhalb der Vereinigten Staaten schaffte es dieser Motor leider nie. Trotzdem haben die Diesel eine eigene Fangemeinde, deren Angehörige auf die unglaubliche Haltbarkeit dieser Antriebe schwören; es gibt Fahrzeuge mit weit mehr als einer Million Kilometern auf der Uhr.

An den Stoßstangen sollt ihr sie erkennen: Der 300 CD blieb dem US-Markt vorbehalten.

Bei der Markteinführung waren die Vierzylinder-Benziner im W 123 noch vom Typ M 115, der auch im Vorgänger Strichacht zum Einsatz gekommen war. 1980 wurde dieses Triebwerk vom deutlich moderneren und sparsameren M 102 abgelöst, wie zuvor als 2,0- und als 2,3-Liter. Der 230 Er mit moderner K-Jetronic entwickelte 136 PS und wurde zum meistgekauften Benzinmotor im W 123. Dieses Triebwerk dürfte auch heute noch die beste Wahl sein.

Und abends in die Oper: Crayford baute ganz feine Cabrios namens „St. Tropez" auf Coupé-Basis.

Eher selten wurde der „kleine" Sechszylinder M 123 im 250 geordert. Er war eine Abwandlung des M 114 im Strichacht (Werkscode als Sechszylinder W 114), und wie dieser ein Abkömmling der legendären OHC-Sechszylinder vom Typ M 180, die Mercedes-Benz seit Anfang der 50er Jahre produziert hatte.

Die Krone im Motorenpark des W 123 trägt unzweifelhaft der M-110-Reihensechszylinder mit zwei obenliegenden Nockenwellen und 2,8 Litern Hubraum. Dieses Triebwerk hat eindeutig Sportler-Gene, gilt aber für Mercedes-Maßstäbe als etwas kapriziös.

Der Sechszylinder M 123 wurde in der 123er-Baureihe im 250er verbaut.

Schönes Stück Technik: Der M 110 ist der potente Reihensechser mit zwei kettengetriebenen obenliegenden Nockenwellen.

Die Getriebefrage

Das handgeschaltete Getriebe – je nach Modell mit vier oder fünf Vorwärtsgängen – schaltet sich häufig recht knochig oder gar schwer, und das Anfahren am Berg kann für den Ungeübten etwas unangenehm werden, da der linke Fuß neben der Kupplung auch die Feststellbremse betätigen muss. Nur rechtsgelenkte Fahrzeuge wiesen einen „echte" Handbremse auf, deren Griff im Armaturenbrett rechts vom Lenkrad saß. Eindeutig besser zu einem Mercedes passt ganz klar das Automatikgetriebe mit vier Gängen, das zu seiner Zeit als eines der besten überhaupt galt. Im Diesel schluckt der Automat allerdings einen bedenklichen Teil der ohnehin schon nur begrenzt vorhandenen Motorleistung.

Die Generationenfrage

Der W 123 wurde fast elf Jahre lang gebaut und in dieser Zeit immer wieder auch in größeren Umfang überarbeitet. Besonders offensichtliche Veränderungen gab es im September 1979. Unter anderem wurden die Kopfstützen kleiner, ebenso das Lenkrad, das zudem durch die nach innen gewölbte Prallplatte (ohne Airbag) deutlich eleganter wirkt. Außerdem erhielten die Sitzstoffe ein neues Fischgrätmuster, das klassische Karo-Stepp oder auch „Hahnentritt"-Muster gehörte der Vergangenheit an.

Mit dem zweiten Facelift von September 1982 wurde die Serienausstattung deutlich umfangreicher, unter anderem war nun stets Servolenkung an Bord, alle Modellvarianten besaßen die breiten Sechszylinder-Scheinwerfer, und das Armaturenbrett wurde bei allen Versionen mit einer Einlegeleiste in Holzdekor geschmückt. Späte Baujahre erhielten auch eine deutlich bessere Rostvorsorge.

Links: In der ersten Serie waren die Sitze serienmäßig mit Stoff „Geflecht" bezogen.

Rechts: Schön analog: Das Wenige lässt sich intuitiv bedienen, und die Automatik-Kulisse hat das charakteristische Treppenmuster.

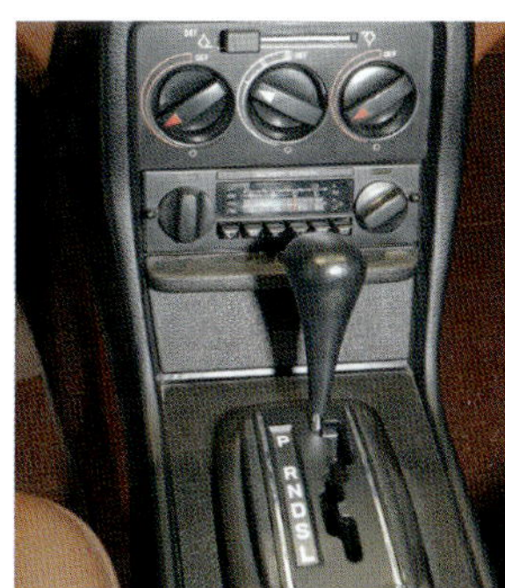

Preisübersicht

Die nachfolgende Tabelle gibt einen guten Überblick über das Preisgefüge der verschiedenen W 123-Ausführungen in Deutschland, wie es sich bei Drucklegung dieses Ratgebers darstellte, ermittelt von Classic Data. Die Spezialisten für Fahrzeugbewertungen aus Bochum beobachten seit über 30 Jahren den Markt für zwei- und vierrädrige Klassiker und bieten ein bundesweites Netz qualifizierter Kfz-Sachverständiger, die u. a. Wertgutachten für an-

Modell				
Mercedes-Benz (W 123)	**Karosserie**	**Baujahr**	**PS/kW**	**ccm**
200 D	Limousine 4-türig	1976–82	55/40	1988
200 D	Limousine 4-türig	1982–1985	60/44	1988
220 D	Limousine 4-türig	1976–1982	65/48	2404
240 D	Limousine 4-türig	1976–1982	65/48	2404
240 D	Limousine 4-türig	1982–1985	72/53	2404
300 D	Limousine 4-türig	1976–1979	80/59	3005
300 D	Limousine 4-türig	1979–1982	88/65	3005
300 D	Limousine 4-türig	1982–1985	88/65	3005
200	Limousine 4-türig	1976–1980	94/69	1988
200	Limousine 4-türig	1980–1982	109/80	1997
200	Limousine 4-türig	1982–1985	109/80	1997
230	Limousine 4-türig	1976–1980	109/80	2307
300 D Turbodiesel	Limousine 4-türig	1981–1985	125/92	3005
250	Limousine 4-türig	1976–1982	129/95	2525
230 E	Limousine 4-türig	1980–1982	136/100	2299
230 E	Limousine 4-türig	1982–1985	136/100	2299
250	Limousine 4-türig	1982–1985	140/103	2525
280	Limousine 4-türig	1976–1981	156/115	2746
280 E	Limousine 4-türig	1976–1982	177/130	2746
280 E	Limousine 4-türig	1982–1985	177/130	2746

Modell				
Mercedes-Benz (S 123)	**Karosserie**	**Baujahr**	**PS/kW**	**ccm**
240 TD	Kombi 5-türig	1978–1982	65/48	2404
240 TD	Kombi 5-türig	1982–1985	72/53	2404
300 TD	Kombi 5-türig	1978–1985	88/65	3005
200 T	Kombi 5-türig	1982–1985	109/80	1997
230 T	Kombi 5-türig	1978–1980	109/80	2277
300 TD Turbodiesel	Kombi 5-türig	1978–1985	125/92	2938
230 TE	Kombi 5-türig	1980–1985	136/100	2276
250 T	Kombi 5-türig	1978–1985	140/103	2525
280 TE	Kombi 5-türig	1978–1985	185/136	2746

gebotene oder gekaufte Fahrzeuge erstellen. Unter www.classic-data.de findet man eine nach Postleitzahlen sortierte Liste der Classic-Data-Partner.

In der Realität können die Preise jedoch abhängig von Ausstattung und Fahrzeughistorie variieren. Natürlich spielen Originalität und Zustand bei den zu erzielenden Preisen die größte Rolle.

Zustandsnote				
1	**2**	**3**	**4**	**5**
14.500	8800	4900	1900	700
14.700	9000	5100	2000	700
14.900	9200	5300	2000	700
15.400	9400	5600	2000	700
15.500	9500	5800	2000	700
15.800	10.500	6400	2200	900
16.000	10.600	6500	2400	900
16.500	11.000	6700	2500	900
15.400	9400	5600	2000	700
15.500	9500	5800	2000	700
16.500	9600	5900	2000	700
15.600	9600	5900	2000	700
17.600	11.900	7400	2800	1300
15.400	9400	5600	2000	600
16.800	11.400	7100	2600	800
16.900	11.500	7200	2700	800
15.500	9500	5800	2000	600
16.800	11.400	7100	2600	1000
17.400	11.800	7600	2900	1200
17.600	11.900	7700	3000	1200

Zustandsnote				
1	**2**	**3**	**4**	**5**
21.500	11.400	6000	2600	900
21.200	11.300	5900	2500	900
32.500	17.100	9000	3800	1300
24.800	12.700	6700	2800	1000
25.000	13.000	7000	2900	1000
33.600	17.900	9400	3900	1400
27.500	14.500	7700	3200	1100
26.500	13.900	7300	3100	1100
40.500	19.200	10.300	4200	1500

Modell					Zustandsnoten				
Mercedes-Benz (C 123)	**Karosserie**	**Baujahr**	**PS/kW**	**ccm**	**1**	**2**	**3**	**4**	**5**
230 C	Coupé	1977–1980	109/80	2307	18.000	11.300	6400	2600	900
230 CE	Coupé	1980–1985	136/100	2276	19.000	11.900	6700	2700	900
280 C	Coupé	1977–1980	156/115	2746	20.600	12.800	7900	3000	1000
280 CE	Coupé	1976–1978	177/130	2746	21.800	13.600	7700	3200	1100
280 CE	Coupé	1978–1985	185/136	2746	23.200	14.500	8200	3400	1200

Quelle: Classic Data

Limousinen gibt es noch zu ganz moderaten Preisen, Coupés und vor allem T-Modelle werden immer teurer.

5 Vor der ersten Inaugenschein-nahme – Informieren Sie sich

Die Goldene Regel für die Besichtigung lautet: Bleiben Sie gelassen! Zu große Begeisterung fürs Auto vernebelt die Sinne und den klaren Blick. Den aber brauchen Sie bei der Suche nach „Ihrem" 123er. Informieren Sie sich vorab über die Marktlage, studieren Sie Fachmagazine und versuchen Sie, ein Gefühl für die Preise zu bekommen. Sind Sie unsicher, nehmen Sie Kontakt zu einem Club auf oder fragen Sie jemanden in Ihrem Bekanntenkreis, der Erfahrung mit älteren Fahrzeugen hat.
Viele der im Folgenden genannten Punkte haben beim Klassikerkauf allgemeine Gültigkeit und beziehen sich nicht ausschließlich auf die Baureihe 123. Sie zu beachten, wird Ihnen also in jedem Fall helfen.

Wo steht das Auto?

Das Angebot an guten Exemplaren ist recht groß, und eventuell steht Ihr vermeintlicher Traumwagen am anderen Ende der Republik oder gar im nächsten Nachbarland. Dennoch lohnt es sich – bevor Sie eine mehrstündige Anreise in Kauf nehmen – zunächst den Markt rund um Ihren Wohnort, bis maximal 100 km Umkreis, zu sichten. Sie werden in jedem Fall Fahrzeuge in den unterschiedlichsten Zuständen und Preiskategorien sehen und lernen, in welchem vernünftigen Verhältnis beides für Sie zueinander stehen sollte. Und wer weiß? Vielleicht wartet das Exemplar, den Sie zu finden hoffen, ja schon im Nachbarort.

Händler oder Privatverkäufer?

Inzwischen gibt es – neben den allseits bekannten „Kiesplatz-" oder „Fähnchenhändlern" – eine große Zahl von Betrieben, die sich auf den Handel mit klassischen Mercedes-Benz spezialisiert haben. Arbeiten diese seriös, finden Sie dort zumindest keinen rollenden Schrott. Der Händler steht ja auch in der Gewährleistungspflicht, was große Vorteile hat, und wird Ihnen daher ordentliche Ware verkaufen wollen. Die hat dann allerdings ihren Preis.
Auch im Fall der Baureihe 123 sind zuweilen eklatante Preisunterschiede zwischen gewerblichem und privatem Markt festzustellen – die nicht immer qualitativ zu rechtfertigen sind. Bleibt der Privatkauf ohne Netz und doppelten Boden: Entweder sollten Sie selbst in der Lage sein, den Zustand eines Fahrzeuges einigermaßen sicher zu beurteilen oder Sie nehmen zur Besichtigung jemanden mit, der das kann. Ein Restrisiko bleibt natürlich. Zu guter Letzt: Welchen Eindruck macht der Verkäufer? Haben Sie das Gefühl, dass er sein Auto gut kennt, und kann er entsprechende Belege vorweisen, ist das Risiko beim privaten Kauf schon besser überschaubar.

Kosten der Überführung

Übergibt der Verkäufer Ihnen das Auto angemeldet, brauchen Sie keine weiteren Kosten einzuplanen. Sie überführen ja auf eigener Achse und melden das Fahrzeug am Heimatort auf sich um. Erwerben Sie jedoch einen abgemeldeten PKW, gibt es zwei Möglichkeiten: Entweder Sie mieten sich einen Trailer (was natürlich nur dann geht, wenn Sie Zugriff auf ein mit Anhängerkupplung ausgerüstetes Zugfahrzeug haben) oder Sie beantragen eine Kurzzulassung (5-Tages-Kennzeichen). Dafür muss das Fahrzeug über eine gültige Hauptuntersuchung verfügen. Die Unterlagen bekommen Sie entweder von Ihrer Versicherung oder in der Zulassungsstelle. Bleibt als Alternative der Transport auf einem Trailer. Ein Anhänger kostet meistens nicht mehr als um 50 € pro Tag (Kaution einplanen!).

Besichtigung – wann und wo?

Auf jeden Fall bei Tageslicht und zumindest bei trockenem Wetter. So erkennen Sie optische (Lackschäden, Dellen) und technische (Öl- respektive Flüssigkeitsverlust) Mängel besser. Sollte eine Grube oder Hebebühne vorhanden sein, nutzen Sie unbedingt die Möglichkeit, den Unterboden des Kaufobjekts zu inspizieren.

Was ist der Grund für den Verkauf?

Lobt ein Verkäufer sein Auto in den höchsten Tönen, hat aber keine plausible Antwort auf die Frage, weshalb er es dennoch veräußern möchte? Dann sollten die Alarmglocken läuten! Versuchen Sie herauszufinden, wie viele Vorbesitzer das Auto hatte und wie schnell die einander abwechselten. Da ist es hilfreich, wenn der alte Fahrzeugbrief noch vorhanden ist. Es ist normal, dass ein so altes Fahrzeug in seinem Leben zwei, drei oder auch vier Besitzer hatte. Sind es aber deutlich mehr und haben diese den Wagen immer nur wenige Monate lang besessen, hat das immer Gründe!

Allgemeiner Zustand

Auch da können Sie dem Verkäufer auf den Zahn fühlen: Kann er Ihnen Angaben machen, die über den Anzeigentext hinausgehen? Hat er Reparaturbelege und Rechnungen, eventuell Fotos? Je plausibler und umfangreicher Antworten und Unterlagen sind, desto besser.

Original oder getunt?

Das ist zunächst Geschmacksache. Zeitgenössisch „aufgebrezelte" Karossen können ihren Reiz haben. Fahrzeuge in gepflegtem Originalzustand sind in jedem Fall begehrter und somit teurer. Ausnahmen bestätigen aber die Regel: Von AMG, Brabus oder Lorinser veredelte 123er sind für manchen durchaus reizvoll.

Diesen 230 TE in makellosem Zustand bot die Mercedes-eigene Klassiker-Handelsabteilung All Time Stars auf der Retro Classics in Stuttgart an.

Stimmen die Fahrzeugdaten?

Fragen Sie den Verkäufer unbedingt, ob der angebotene Mercedes frei von Ansprüchen Dritter ist (etwa einer Bank). Anhand der Fahrgestellnummer können Sie im Zweifel bei der Zulassungsstelle nachfragen, ob das Fahrzeug als gestohlen gemeldet wurde.

Die Sache mit dem Sprit (Betrieb mit E 10)

Mercedes-Benz-Fahrzeuge, die bis 1985 gebaut wurden, sollten nicht mit E-10-Benzin betrieben werden. Also gilt das für die gesamte Baureihe 123.

Versicherung

Für die Autos der Baureihe 123 gibt es bereits Oldtimerversicherungen, die oft deutlich günstiger kommen. Verschiedene Assekuranzen (etwa ADAC, Zurich, OCC) bieten spezielle Tarife an, die aber an Bedingungen (Zeitwertgutachten, Kilometerlimitierung pro Jahr oder Nachweis eines Alltagsfahrzeugs) geknüpft sein können. Da sollten Sie am besten vorher mit Ihrem Versicherer sprechen. Auch mit einem Saisonkennzeichen lässt sich Geld sparen.

Wie kann ich bezahlen?

Privatgeschäfte sind meist Bargeschäfte, bei einem Händler können Sie den Kaufpreis in der Regel auch überweisen. Ein seriöser Kaufmann sollte sich darauf einlassen. Bestehen Sie in jedem Fall auf einen ordentlichen Kaufvertrag!

Kaufen auf einer Versteigerung?

Wenn Sie sich mit dem Gedanken tragen, Ihr Fahrzeug bei einer Auktion zu erwerben, lesen Sie unbedingt Kapitel 10! Bedenken Sie, dass Sie bei einer Auktion oft nur begrenzte Zeit zur Besichtigung haben, Probefahrten sind meist nicht möglich. Außerdem wird in der Regel ein so genanntes Aufgeld berechnet, das zum eigentlichen Kaufpreis hinzukommt. Und: Kaufen Sie nicht blind im Internet! Eine gewonnene Ebay-Auktion ohne vorherige Besichtigung des Objekts kann im Desaster enden.

Professionelle Überprüfung des Fahrzeugs

Wenn Ihnen das Fachwissen fehlt, den Zustand eines Fahrzeugs realistisch einzuschätzen, nehmen Sie zur Besichtigung einen Kenner mit. Alternativ können Sie mit dem Verkäufer vereinbaren, dass Sie das Fahrzeug in einer Kfz-Werkstatt oder bei einer Prüforganisation (TÜV, Dekra, GTÜ etc.) zum Gebrauchtwagen-Check vorführen dürfen. Wenn der Verkäufer nichts zu verbergen hat, sollte er Ihnen das nicht verweigern.

6 Inspektionsausrüstung

Dieses Buch
Lesebrille (falls Sie eine benötigen)
Magnet (ein schwacher reicht aus)
Taschenlampe
Kleiner Schraubendreher
Mechanikeroverall
Spiegel mit verlängerter Halterung
Digitalkamera
Einen Freund, möglichst einen mit Fachwissen

Bevor Sie sich auf den Weg zu einer Probefahrt machen, sollten Sie eine kleine Ausrüstung zusammenstellen, die bei der Besichtigung hilfreich sein wird. Haben Sie keine Scheu, den anvisierten W 123 gründlich zu untersuchen. Der Verkäufer soll ruhig sehen, dass Sie vorbereitet sind.
Vielleicht das wichtigste Hilfsmittel ist dieses Buch und die darin enthaltenen Checklisten. Vergessen Sie auf keinen Fall Ihre Lesebrille, sofern Sie eine benötigen, um etwas aus nächster Nähe zu inspizieren.
Ein Magnet entlarvt jeden Blender, dessen Karosserie zu weiten Teilen aus Spachtel besteht. Nur wo blankes Blech unter dem Lack liegt, bleibt der Magnet haften. (Vorsicht! Bei diesem Test nicht den Lack zerkratzen!) Dazu sollten Sie zunächst den jetzigen Besitzer nach repa-

Praktisch: Fürs bequemere Arbeiten im Motorraum lässt sich die Haube auch in senkrechte „Werkstatt-Position" bringen.

rierten Schäden fragen. Zumindest eine dünne Schicht Füllspachtel gehört nun einmal zu den meisten Karosseriereparaturen, auch einer professionellen. Das Fahrzeug sollte allerdings nur kleinflächige Spachtelungen aufweisen. Große Schäden werden vom Profi durch eingeschweißte Bleche behoben. Es spricht nichts gegen eine professionell ausgeführte Restaurierung. Allerdings sollte der Verkäufer mit offenen Karten spielen und diesen Umstand nicht verheimlichen.

Eine Taschenlampe bringt Licht in alle dunklen Bereiche eines Autos, und davon gibt's eine ganze Menge: Radhäuser, Fahrwerk, Unterboden, Motorraum und der Raum unter dem Armaturenbrett, um nur einige zu nennen.

Testen Sie mit einem kleinen Schraubenzieher – aber vorsichtig! – verdächtig aussehende Bereiche des Unterbodens und der Karosserie um die Radhäuser herum. Auf diese Weise lassen sich möglicherweise unter dem Unterbodenschutz verborgene Durchrostungen finden. Wenn der Verkäufer Sie von dieser Untersuchung abhalten will, sollten Sie die Besichtigung abbrechen. Mit hoher Wahrscheinlichkeit wird nämlich der Prüfer bei der nächsten HU genau auf diese Weise kritische Stellen kontrollieren.

Speziell wenn keine Möglichkeit besteht, das Auto auf eine Hebebühne zu fahren, sollten Sie sich darauf vorbereiten, sich auf den Boden zu legen. Nehmen Sie deshalb einen Mechanikeroverall mit, den Sie über die normale Kleidung ziehen können. Genau für diesen Fall ist auch ein kleiner Spiegel hilfreich, der entweder auf einer kleinen Teleskopstange oder am Ende eines Stocks befestigt ist. Mit seiner Hilfe können Sie unter dem Auto – oder im Motorraum – Bereiche von Fahrwerk und Auspuff kontrollieren, die vor einem Blick verborgen sind. Fotografieren Sie Teile bzw. Fahrzeugkomponenten, bei denen Sie sich nicht sicher sind. So können Sie später in aller Ruhe in Büchern oder bei Experten zusätzlichen Rat einholen. Überhaupt ist es ratsam, einen Freund zur Probefahrt mitzunehmen, idealerweise einen mit Mechanikerkenntnissen. Eine zweite Meinung – die mangels eigenem Interesse vielleicht sogar objektiver ist als Ihre eigene – ist bei einem Autokauf nie schädlich.

Der Schraubendreher hilft unter anderem dabei, Licht ins Dunkel unter den Lüftungsgittern zu bringen, wo es auch gern mal rostet.

7 15-Minuten-Prüfung

Ob Rallye-Sportler oder Droschkengaul (hier in Marokko) – seine Zähigkeit hat der W 123 auf vielen Einsatzgebieten bewiesen.

Der Blick auf Schweller und Wagenheberaufnahmen verrät viel über den Zustand des Blechs.

Mürbe: Der Zustand von Dichtungen, Lack und Kanten am Heck des T-Modells lässt auf größere Schäden schließen.

Dank seiner herausragenden Qualität und seiner Zuverlässigkeit ist der W 123 schnell zu einem der begehrtesten Young- und mittlerweile Oldtimer geworden. Zugleich ist das Angebot aufgrund von fast 2,7 Millionen gebauten Autos immer noch groß; zu einem übereilten Kauf besteht kein Anlass. Sehen Sie sich Ihren Kandidaten in Ruhe und gründlich an, und seien Sie entschlossen, bei größeren Problemen am Auto oder ganz einfach bei einem unguten Gefühl den Rückzug anzutreten.

Äußerer Eindruck

Schon der erste Anblick ist wichtig: Wie steht der Wagen auf der Straße? Gerade – oder hängt er irgendwo durch? Arbeitet der Niveauausgleich an der Hinterachse? Beim Kombi immer verbaut, konnte er aber auch als Extra geordert werden; zur Prüfung der Funktion muss der Motor laufen.

Mittlerweile haben auch die jüngsten 123er die fürs H-Kennzeichen benötigten 30 Jahre überschritten, und ein paar Kratzer im Lack sind in diesem Alter eigentlich unvermeidlich. Dellen und Beulen hingegen sind nicht selten ein Zeichen dafür, dass das Auto insgesamt nicht besonders gut behandelt wurde, dasselbe gilt für misshandelte Reifen und beschädigte Alufelgen. Die Karosserieflächen sollte man wiederholt und aus verschiedenen Blickwinkeln ansehen, um Wellen, Unebenheiten oder Abweichungen in der Lackfarbe auf die Spur zu kommen. Solche Mängel sind untrügliche Indizien dafür, dass in der Vergangenheit Reparaturen nötig waren – und dass sie möglicherweise nicht mit der angebrachten Sorgfalt ausgeführt wurden.

Bei aller Qualität ist auch beim W 123 das größte Problem der Rost. Sehen Sie sich auch die tiefer liegenden Partien gründlich an – Kotflügel und Radläufe, die Türunterkanten. Wie sehen die Wagenheberaufnahmen aus, wie die Schweller – sind sie überlackiert, wie klingt es, wenn man sie abklopft? Front- und Heckschürze, also die Bleche unterhalb der Stoßstangen, sind ebenfalls kritische Bereiche, die man sich genau ansehen sollte. Den Wagen anzuheben oder von einer Grube aus die Kontrolle des Unterbodens zu ermöglichen, ist im Grunde Pflicht: Nur so lassen sich Aufhängungen, Auspuff und Unterboden prüfen.

Glänzend: Sind die verchromten Stoßstangen und der übrige Zierrat in gutem Zustand?

Die klimatischen Bedingungen, in denen der Wagen sein bisheriges Dasein fristete, sind ebenfalls von Belang. Wurde er in kalten und feuchten Gegenden gefahren oder gar im Winter und auf gesalzten Straßen? Das ist in Puncto Rost natürlich von Nachteil, andererseits hat auch trockenes und heißes Wetter seine Tücken und setzt Dichtungen und weiteren Gummi- und Kunststoffteilen zu: Sie härten aus, werden bleich oder spröde. Sämtliche Scheibendichtungen verdienen den gründlich Check, vor allem die an Windschutz- und Heckscheibe sowie beim Kombi die festen Seitenscheiben des Laderaums: Undichtigkeiten an diesen Stellen können zu Unterrostung und zerstörten Scheibenrahmen führen.
Sind die zahlreichen Chromteile vollzählig vorhanden, und in welchem Zustand sind sie? Stoßstangen auch von innen prüfen, gerade von dort aus rosten sie! Die Chromteile um das hintere Seitenfenster des Coupés sind nur noch schwer zu bekommen, also sollte man sie sich ganz genau ansehen. Und natürlich: Findet sich der Mercedes-Stern auf seinem angestammten Platz auf dem Kühlergrill?
Beim Umrunden des Wagens alle vier Reifen genau inspizieren: Sind sie bunt zusammengewürfelt oder sind alle vier vom selben – möglichst namhaften Hersteller, vom gleichen Typ und gleich alt? Letzteres kann als zumindest ein Indiz dafür gelten, dass der Verkäufer oder der letzte Halter sich um das Auto gekümmert haben.
Vor allem der Kombi wurde häufig mit Anhängekupplung geordert oder nachgerüstet. Aus heutiger Sicht ist ein Auto ohne dieses Extra vorzuziehen, da insbesondere der häufige Einsatz als Zugfahrzeug für viele mechanische Bauteile, vor allem für die Bremse, erheblich höhere Belastung bedeutet. Dies führt unter Umständen auch zu größerem Reparaturbedarf, es empfiehlt sich also, den Vorbesitzer diesbezüglich zu befragen. Auf jeden Fall sollte eine Prüflampe dabei sein, mit der sich die Funktion der Steckdose für den Anhänger kontrollieren lässt.

Innen-, Koffer- und Laderaum

Das Interieur des W 123 ist von außerordentlicher Haltbarkeit, vor allem wenn es sich um das legendäre MB-Tex handelt. Es sieht eigentlich immer gut erhalten aus. Dasselbe gilt für die Polsterung der Sitze, dennoch sollte man vor allem den am stärksten beanspruchten Fahrersitz überprüfen, ermüdete Federn sind nichts Schlimmes, weil man mit dem Gestühl jeder Sattler leicht fertig wird, aber zumindest unbequem. Der Grad der Abnutzung am Fahrersitz sowie der Kontaktstellen Lenkrad, Schalthebel und Pedalgummis ist ein guter Hinweis darauf, ob eine auffallend niedrig angegebene Kilometer-Laufleistung plausibel ist oder nicht. Risse im Armaturenbrett und den Verkleidungsteilen sind selten, kommen aber auch bei Mercedes vor. Heben Sie sämtliche beweglichen Teppichteile und Matten an und prüfen Sie – etwa mit einem Papiertuch –, ob sich darunter Feuchtigkeit findet; bei Fahrzeugen mit Schiebedach ist die genaue Untersuchung des Dachhimmels auf Stockflecken und somit auf Undichtigkeiten nötig.

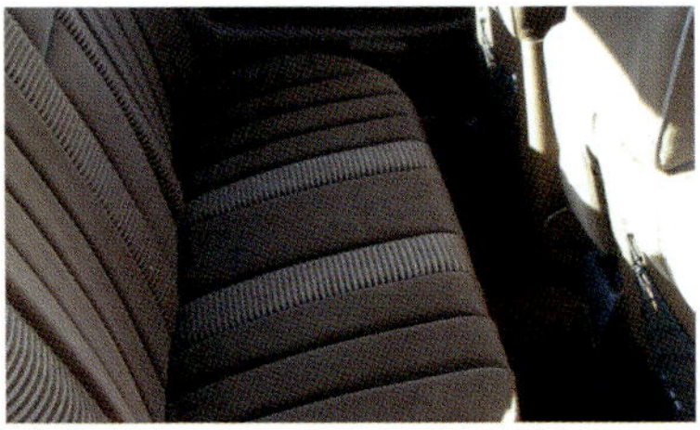

Ebenfalls von enormer Haltbarkeit ist Velours. Diese Rücksitzbank sieht aus wie neu.

Prüfen Sie alle Instrumente und sämtliche Kontrollleuchten.

Der obligatorische Kofferraumcheck: Ist die Auslegeware okay? Findet sich darunter Rost? Ist das Reserverad in Ordnung oder gar nicht da? Fehlt das Warndreieck?

Alles im Blick: Die Motorhaube in Werkstatt-Stellung erleichtert die Inspektion.

Drehen Sie den Schlüssel im Zündschloss zuerst nur auf Position 1 und schalten Sie das Fahrlicht ein: Brennen alle Kontrolllampen ordnungsgemäß? Auch beim Einschalten des Fernlichts? Und: Erlöschen sie, sobald der Motor läuft? Beim Anlassen eines Diesels gilt es noch, den kurzen Moment des Vorglühens abzuwarten, die hierfür zuständige Leuchte muss nach 5 bis 10 Sekunden von selbst ausgehen. Nun wieder ein Kontrollgang um das Fahrzeug herum: Funktionieren alle Leuchteinheiten? Dabei auch an die leicht zu vergessende Nummernschildbeleuchtung hinten denken! An einem normal – also eher sparsam – ausgestatteten W 123 gibt es bei der Elektrik nicht sehr viele Fallen, die Prüfung wird umso umfangreicher, je mehr dienstbare Geister, also zum Beispiel elektrische Fensterheber oder ein motorisiertes Schiebedach, sich der Erstkäufer gegönnt hat.
Öffnen Sie den Kofferraumdeckel: Bei Limousine und Coupé sollte sich an seiner Innenseite das serienmäßige Warndreieck befinden. Die Kofferraummatte und die seitlichen Verkleidungen lassen sich abnehmen und geben dann den Blick frei aufs hoffentlich rost- und knitterfreie Blech – auch in der Reserveradmulde. Tipp: Eine gute Taschenlampe hilft dabei, vor allem, wenn das Auto aus irgendeinem – besser zu vermeidenden – Grund unter schlechten Lichtverhältnissen untersucht wird.

Motorraum

Die Motorhaube wird innen unter dem Armaturenbrett entriegelt, lässt sich aber erst öffnen, wenn der dann aus dem Kühlergrill ragende Griff gezogen wird. Als Mercedes-Neuling sollte man sich vom Verkäufer zeigen lassen, wie man die Motorhaube in die senkrechte Werkstatt-Stellung bringt, in der man den Motor optimal in Augenschein nehmen kann. Er muss nicht klinisch sauber sein. Im Gegenteil: Eine offensichtlich kurz zuvor vorgenommene Motorwäsche sollte stutzig machen. Suchen Sie gründlich nach Öl- oder Flüssigkeitsaustritt oder entsprechenden Spuren. Sind sämtliche Schläuche in gutem Zustand, also weich und elastisch, ist die Geräuschdämmung vorhanden und komplett? Falls der Wagen länger gestanden ist: Wie sieht der Boden unter dem Motor aus? Achten Sie auf Tropfspuren.

Die zahlreichen Gummilager in der Vorderachse sind hoch beansprucht und sollten ebenfalls auf Verschleiß und Zustand untersucht werden. Dies ist aber nur auf der Hebebühne möglich – ein Blick auf die Lenkungsmanschetten ist aber auch in der Garage machbar.

Muss nicht so sauber sein, ist aber natürlich schön: Dieser 280 E wird auf den ersten Blick keine Arbeit machen.

Originalität

Modifikationen und nachträglich verbautes Zubehör waren auch bei Mercedes immer gang und gäbe, und leider wurde nicht immer darauf geachtet, ob sich solche Änderungen problemlos rückgängig machen lassen würden. Heutzutage wird ein Liebhaber in der Regel ein originales, „unverbasteltes" Fahrzeug vorziehen. Auch Motortuning gab es immer; in einem solchen Fall ist darauf zu achten, ob alles in die Fahrzeugpapiere eingetragen wurde und auch, ob notwendige Änderungen etwa an der Bereifung durchgeführt wurden.

Mit diesem Zuggriff wird die Motorhaube komplett entriegelt.

Dokumente

Kommt der Kandidat nach eingehender Begutachtung noch immer infrage, wird es ernst. Meist wird man ein gebrauchtes Automobil nur kaufen, wenn die dazugehörigen, für die Zulassung erforderlichen Papiere mitgeliefert werden. Auch wenn es albern klingt: Sehen Sie genau nach, ob die Fahrgestellnummer des Fahrzeugs zu den vorgezeigten Unterlagen gehört. Es ist durchaus sinnvoll, sowohl die Chassisnummer im Auto als auch die entsprechenden Einträge in den Papieren zu fotografieren. Über diese VIN (Vehicle Identification Number) kann man bei Bedarf recherchieren, wann das Auto wirklich gebaut wurde und in welcher Originalspezifikation es zugelassen wurde.
Wird das Auto ohne Papiere verkauft, sollte ein seriöser Verkäufer bereits entsprechende Dokumente vorbereitet haben, die seine Identität zweifelsfrei nachweisen und eidesstattlich versichern, dass es sich bei dem zu verkaufenden Fahrzeug um sein – wichtig: uneingeschränktes – Eigentum handelt. Ideal wäre ein bei Polizei und Versicherungen einzuholender Nachweis, dass das Fahrzeug nicht als gestohlen gemeldet ist.
Versuchen Sie bei einem privaten Anbieter herauszufinden, warum das Auto verkauft wird. Auch heute noch werden W 123 von Erstbesitzern verkauft, etwa weil der Verkäufer das Fahren aufgibt, oder von den Erben, die mit dem Auto nichts anzufangen wissen. Der Idealfall ist natürlich ein Coupé, das vom Erstkäufer nicht als Hauptfahrzeug genutzt wurde und nur verhältnismäßig wenig Kilometer auf dem Zähler hat, zu dem aber ein durchgehend abgestempeltes Serviceheft vorliegt.
Außer den Nachweisen über regelmäßige Wartung – vor allem in der jüngeren Vergangenheit – sind auch Rechnungen oder Arbeitsberichte über größere Reparaturen wertvoll; ein Beispiel dafür wäre die beim Motor M 102 in 200 und 230 E anfangs ausfallträchtige Steu-

Achten Sie darauf, dass der Zustand auch der Papierform entspricht. Reimporte etwa aus den USA bedeuten auch den Umbau auf in Deutschland zugelassene Scheinwerfer.

erkette, für die Mercedes eine Umrüstung anbot. Noch ein Wort zum Thema Serviceheft: Keine Sorge, wenn nicht alle Stempel von einer offiziellen Mercedes-Niederlassung stammen, auch freie Werkstätten bieten seriöse Arbeit an.
Es gibt natürlich auch andere Gründe, warum das Auto verkauft werden soll: Steht vielleicht eine größere Reparatur ins Haus, die der Verkäufer sich nicht leisten kann oder will, so sollte er dies offen ansprechen. Eine aus Kosten- oder Zeitgründen abgebrochene Restaurierung ist übrigens nicht die schlechteste Wahl, trotzdem muss das Fahrzeug auch dann in aller Gründlichkeit durchgecheckt werden. TÜV-Berichte in möglichst großer Zahl und Aktualität sind äußerst nützlich. Selbst falls der Wagen bei der letzten Prüfung „durchgefallen" ist, muss man nicht unbedingt aussteigen, möglicherweise hat der Verkäufer schon die erforderlichen Ersatzteile beschafft?

Probefahrt

Die ausgiebige Probefahrt – am besten im Stadt- und im Überlandverkehr sowie auf der Autobahn – ist unerlässlich. Will der Verkäufer sie nicht zulassen, sollte man ernstlich gewarnt sein. Vergewissern Sie sich, dass Versicherungsschutz besteht, und dass dieser auch für den potenziellen Käufer am Steuer gilt. Vor dem Starten ein vorsichtiger Griff an den Motorblock. Er sollte kalt sein. Springt er dann gut an und läuft sofort sauber, ist das ein gutes Zeichen. Die Funktion von Beleuchtung, Blinkern, Wischern haben Sie da ja schon überprüft. Nicht nur bei Einspritzern ist es ratsam, den Motor auch während der Probefahrt, am besten nach ein paar schnellen Kilometern auf der Autobahn, einmal auszumachen und das Startverhalten bei heißem Motor zu testen.
Das Radio sollte natürlich auch funktionieren. Bei der Probefahrt aber gehört es ausgeschaltet, damit man nicht von Geräuschen abgelenkt wird, die nicht zum normalen Betrieb gehören. Übermäßige Windgeräusche zeugen von arg geschrumpften und mithin bald zu ersetzenden Scheibendichtungen. Ein unrunder Motorlauf kann bei Fahrzeugen mit Doppelvergasern (250 und 280) harmlos, aber auch Vorbote größerer Probleme wie zum

Beispiel einem Ventilschaden sein. Klopfgeräusche sind häufig Anzeichen verbrauchter Haupt- oder Pleuellager, blauer Rauch aus dem Auspuff weist auf verschlissene Ventilführungen hin, deren Reparatur vor allem bei den DOHC-Motoren nicht ganz billig ausfällt.
Ist die Stecke frei und gerade, nimmt man die Hände vom Lenkrad: Zieht der Wagen zu einer Seite, oder fährt er weiter unbeirrt geradeaus? Wenn nicht, steht demnächst Arbeit an der Vorderradführung an. Ein oder zwei Finger breites Spiel im Lenkrad ist unbedenklich, mehr ist ein Zeichen für Wartungsrückstand an der Lenkung.
Beim Automatikgetriebe müssen sich alle Fahr- und Parkstufen widerstandlos einlegen lassen; das Getriebe sollte sämtliche Gänge weich und sauber schalten, unabhängig davon, ob dies vom Automaten oder von Hand oder per Kick-Down gesteuert wird. Beim manuell betätigten Getriebe muss die Kupplung ohne zu rupfen trennen; das Getriebe selbst arbeitet recht knochig, dennoch müssen sich alle Gänge ohne besondere Geräusche oder echten Kraftaufwand einlegen lassen.
Ist die Strecke frei, lässt sich das Bremsverhalten prüfen: Treten Sie bei 50 bis 60 km/h wirklich kräftig auf das Bremspedal, das Lenkrad fest im Griff. Achtung: Denken Sie daran, dass nur die wenigsten W 123 bereits mit ABS ausgerüstet waren. Hört oder spürt man beim Bremsen ein Rütteln, sind vermutlich eine oder mehrere Bremsscheiben verzogen und müssen ersetzt werden. Die Funktion der Handbremse prüft man nach Möglichkeit auf einer Schräge wie zum Beispiel einer Parkhausrampe – natürlich ebenfalls nur dann, wenn es die Verkehrslage zulässt.

Einige Kilometer mit hoher Geschwindigkeit gehören unbedingt zu einer vernünftigen Probefahrt.

8 Problemstellen

Äußeres I: Achten Sie auf Rost und Dellen, aber auch auf Spaltmaße und gleichmäßigen Lack.

Äußeres

- Karosseriebleche: frei von Dellen und Wellen?
- Lack: überall im einheitlichen Farbton?
- Spaltmaße: einheitlich schmal?
- Schweller, Kotflügel und hintere Radläufe: rostfrei?
- Chrom und Zierteile: komplett vorhanden und in gutem Zustand?
- Tür- und Scheibendichtungen: elastisch und nicht geschrumpft?

Äußeres II: Achten Sie auf das Vorhandensein und den Zustand der zahlreichen Chromteile am 123er.

Inneres I: Ein Blick auf Sitze, Teppiche, Lenkrad und Pedalgummis verrät, ob ihr Abnutzungsgrad mit der angegeben Laufleistung korrespondiert.

Interieur

- Zustand des Innenraums: Passt er zur Kilometerangabe?
- Sitzbezüge: in gutem Zustand, nicht ausgeblichen, nicht abgewetzt?
- Sitzpolsterung: straff und elastisch?
- Teppichboden und Fußmatten: trocken?
- Kontrollleuchten und Instrumente: voll funktionsfähig?

Mechanik

- Motorraum: vernachlässigt – oder sogar verdächtig sauber?
- Leckagen von Schmier- und Kühlmitteln (oder Spuren davon)?
- Gummiteile weich, flexibel, nicht geschrumpft?
- Federung: Steht das Auto gerade, arbeiten Federn und Dämpfer?
- Reifen: nicht zu alt, vom selben Hersteller und Typ?
- Serviceheft und Werkstattrechnungen vorhanden?

Inneres II: So sieht ein Motorraum allenfalls unmittelbar nach einer Vollrestaurierung aus.

9 Realistische Bewertung

Untersuchen Sie jeden der im Folgenden aufgeführten Bereiche in aller Gründlichkeit und vergeben Sie einen Wert zwischen 1 und 4 (1=schlecht, 2=ordentlich, 3=gut, 4=hervorragend). Lassen Sie sich dabei Zeit und treffen Sie Ihr Urteil sorgfältig und realistisch. Zur Auswertung kommen wir am Ende des Kapitels.

Wir sind an dieser Stelle schon recht weit im Entscheidungsprozess – der Wagen sieht vielversprechend aus, und die Papiere sind in Ordnung. Vor einer Entscheidung heißt es nun aber, sich alles nochmals wirklich sorgfältig anzusehen und dabei die Hinweise aus den bisherigen Kapiteln zu beachten. Diese abschließende Prüfung des Kandidaten muss systematisch und sorgfältig vorgenommen werden, beginnend bei der äußeren Erscheinung, dann dem Interieur und abschließend bei Antrieb und Fahrwerk.

Äußeres

++ + o –
4 3 2 1

Man sollte alles daransetzen, das Auto vor einer Entscheidung im Freien, bei Tageslicht und gutem Wetter ansehen zu können. Der Wagen sollte außerdem sauber sein, unter Schmutz und Staub lässt sich der Zustand der Lackierung schlecht beurteilen. An allen vier Seiten des Autos in die Knie gehen und genau mittig unter dem Auto hindurchsehen – hängt die Karosserie irgendwo einseitig herab, steht das Auto von der Seite gesehen gerade auf der Straße? Nochmals der Hinweis: Sehen Sie nach, ob das Auto mit einer hydropneumatisch unterstützten Hinterachse ausgerüstet ist. Deren Funktion muss bei laufendem Motor geprüft werden. Setzen sich zwei ausgewachsene Männer in den Laderaum des Kombis, muss die Hydropneumatik das Heck nach dem ersten Einfedern wieder spürbar anheben.

Kunstlicht verfälscht den Eindruck vom Äußeren des Kandidaten. Sie sollten Lack und Chrom und Blech besser draußen und im Sonnenschein begutachten.

Karosserie

++ + o –
4 3 2 1

Suchen Sie die gesamte Karosserie gründlich nach Dellen oder Schäden im Blech und nach unsauber lackierten Bereichen ab. Auch da heißt es, sich hinzuknien und mit dem Gesicht ganz nah ans Blech zu gehen, damit der Blick möglichst parallel über die Karosserie streifen kann. Auf die Spaltmaße von Türen und Hauben achten: Sie sollten überall gleichmäßig sein und

Es gibt viel zu prüfen: Achten Sie auf gleichmäßige Karosseriespalten, intakte Dichtungen, vollständige und gut erhaltene Zierleisten und natürlich auch darauf, ob alle Lampen brennen – inklusive Nummernschildbeleuchtung.

nicht größer als etwa 5 mm ausfallen. Die Gummileisten rundum schützen das Auto zwar vor kleineren Parkremplern. Trotzdem gehören Türen und alle übrigen Blechteile auch an ihren Unterseiten inspiziert. Die Stoßstangen sollten Sie von innen abtasten. Auch das Dach verdient den genauen Blick, Hagel oder unsachgemäße Beladung können Spuren und Schäden hinterlassen haben.
Sollten die Stoßstangen deutliche Blessuren aufweisen, empfiehlt sich eine noch gründlichere Suche nach eventuellen Unfallspuren, zum Beispiel an den Längsträgern im Vorderwagen: Sie weisen ab Werk eine faltenartige Struktur auf, die bei einem Frontalcrash für bessere Absorption der Aufprallenergie sorgt. Fehlen die Falten, wurde vermutlich nach einem Unfall gepfuscht.

++ + o –
4 3 2 1

Lack

Im Idealfall ist der Farbton über den ganzen Wagen hinweg derselbe. Bei Fahrzeugen aus heißen und trockenen Regionen ist es nicht ungewöhnlich, dass der Lack an horizontalen Bereichen stumpf oder ausgeblichen ist. Für die Bestimmung der Lackdicke gibt es spezielle Messgeräte, Stellen mit dickerer Lackschicht sind ein sicheres Zeichen für eine Nachlackierung, deren Ursache auch ein Unfallschaden sein könnte. Rost greift wie fast immer als erstes an den Radläufen und den Endspitzen an, auch hier nach Hinweisen auf frühere Ausbesserungen suchen.

Problem eingekreist: Rost gibt es auch auf ebener Fläche.

++ + o –
4 3 2 1

Korrosion

Es wurde bereits erwähnt, dass die mechanische Qualität des W 123 über jeden Zweifel erhaben ist, kaum ein anderes Auto dieser Zeit geriet derart zuverlässig. Das heißt aber nicht, dass der W 123 etwa besonders widerstandsfähig gegen die braune Pest wäre, und deshalb fällt dieser Abschnitt auch etwas länger aus. Als der W 123 auf den Markt kam, herrschte in Europa eine veritable Stahlkrise – die bewährten Hersteller konnten schlicht den Bedarf nicht mehr decken. Ersatz fanden viele Autohersteller in teilweise minderwertigem Stahl aus osteuropäischer Fertigung, einer der Gründe, warum auch frühe W 123 recht heftig vom Rost befallen wurden.

Schmutzfänger helfen, trotzdem bleiben Radläufe und Endspitzen besonders von Rost bedroht.

Eine der wichtigen Zielgruppen für Mercedes – die Taxifahrer – war die erste, die sich über dieses Problem massiv beschwerte, und Mercedes reagierte mit der Verwendung von besserem Stahl. Durch zusätzliche Verzinkung, Hohlraumversiegelung, bessere Ableitung von Regenwasser und Innenkotflügel rundum wurde die Rostvorsorge kontinuierlich verbessert. Prinzipiell sind Autos ab 1981 von Korrosion weniger bedroht.

++ + o –
4 3 2 1

Kotflügel und Radläufe

Damit sind die anfälligsten Bereiche schon genannt. Die Kotflügel vorne rosten durch und sind bei vielen Fahrzeugen sicherlich bereits einmal ersetzt worden. Billige Nachfertigungen etwa aus Fernost lassen sich mitunter nicht einmal sauber einpassen. Es versteht sich von selbst, dass man beim Ersetzen der Kotflügel

Fortgeschritten: An diesem Radlauf ist es mit Schleifen und Lackieren möglicherweise nicht getan.

auch sämtliche Befestigungsteile erneuern sollte. Im Übergang der Kotflügel zu den A-Säulen setzt sich gerne der Gilb fest. Die Reparatur ist aufwändig, Mercedes berechnet bis zu 20 Arbeitsstunden dafür – pro Seite.
Vor allem bei Autos vor 1978, die ab Werk nicht mit Innenkotflügeln ausgerüstet wurden, sind die Radlaufkanten neuralgische Punkte und rosten eigentlich immer. Besonders in den USA, aber auch in Europa waren Radlaufchromleisten ein beliebtes Extra, bei dem man heute genau hinsehen muss, da sich gerne Feuchtigkeit zwischen Leisten und Blech ansammelt. Radläufe auch von innen gründlich checken! Und da wir schon in der Gegend sind: hinten die Aufnahmen der Hinterachse und vorne den Bereich hinter den Scheinwerfern ebenfalls prüfen.

++ + o –

Unterboden und Schweller

4 3 2 1

Die Schweller sind bei allen Autos ein gutes Indiz für den Gesamtzustand, so auch beim W 123, bei dem die Einstiege gern hinter den dort angebrachten Zierleisten rosten. Die Wagenheberaufnahmen verdienen einen genauen Blick. In ihnen sammelt sich Schmutz, der bindet Nässe und fördert die Rostbildung. Diese Stellen sind für den TÜV-Prüfer sicherheitsrelevant, schlimmstenfalls verweigert er die Plakette. Plastikkappen aus dem Zubehör sehen gut aus und sollen Feuchtigkeit abhalten, das funktioniert aber nicht immer. Also kontrollieren! Angefressene Schweller selbst sind nicht selten mit Spachtel „repariert", mit einem kleinen Magneten macht man solchen Pfusch schnell ausfindig.

Sehen Wagenheberaufnahme und Steinschlagschutz so aus, muss man etwas gegen den Rost unternehmen.

Die Bodengruppe ist ebenfalls nicht vor Rost gefeit und muss gründlich abgesucht werden. Größere Reparaturen dort sind normalweise nur etwas für darauf spezialisierte Fachbetriebe und sie geraten meist aufwändig und teuer. Die Längsträger hinten sollte man sich genau ansehen, vor allem wenn eine Anhängekupplung an ihnen montiert ist, wie das bei der Kupplung aus dem Mercedes-Zubehörprogramm der Fall ist.
Auch die vorderen Längsträger können betroffen sein, ohne dass man die Ursache gleich sähe. Da empfiehlt sich ein Blick unter Teppiche und Dämmung im Fußraum. Ist es dort dauerhaft feucht, kann das am Ende bis weit nach vorne durchrosten. Checken Sie also die Rahmenträger bei angehobenem Fahrzeug, ebenso sämtliche Achsaufnahmen und schließlich die Ankerpunkte der Sicherheitsgurte.

++ + o –

Weitere Bereiche

4 3 2 1

Die Türböden sind rostanfällig, besonders bei frühen Autos. Die Kabeltüllen zwischen B-Säule und hinteren Türen verspröden und brechen weg, sodass Feuchtigkeit eindringen kann. Die Frontschürze ist ebenso anfällig wie der Windlauf hinter der Motorhaube, letzterer

Rost findet sich gern an der vorderen Motorhaubenkante.

In der Kühlerzwischenwand sammelt sich gerne Wasser und verursacht Rost.

Batteriehalteblech und Umgebung sind häufig von Säure angegriffen und korrodieren heftig.

leidet vor allem, wenn sich der Bereich unter den Lufteinlässen mit Schmutz vollsetzt. Die Motorhaube selbst rostet gerne an der Vorderkante, wenn kleine Steinschlagschäden nicht beseitigt werden.
Die Motorhaube ist ja schon offen, also gleich ein paar kritische Blicke auf den Bereich um den Kühler: Dort sammelt sich gern Wasser und verursacht Korrosion, auch die Aufnahmen der Haubenscharniere und die Federbeindome davor können betroffen sein, ebenso das Batteriehalteblech, für das es kunststoffbeschichteten Ersatz gibt. Auch die Bereiche unter dem Hauptbremszylinder und, sofern vorhanden, der ABS-Pumpe sind öfters von Rost befallen. Sämtliche Wasserabläufe müssen frei sein, und bei Autos mit Scheinwerferwaschanlage sind die Durchführungen für die Wischer anfällig.

Chrom und Zierteile

++ + o –
4 3 2 1

Der für heutige Verhältnisse üppige Chromzierrat macht einen Teil der klassischen Ausstrahlung aus. Auf dass die erhalten bleibe, will sie auch gepflegt sein. Obwohl sehr stabil angelegt, rosten die Stoßfänger bisweilen durch, häufig unsichtbar hinter den Gummileisten beginnend. Ersatz ist teuer, besonders, wenn es sich um die dreiteilige Ausführung von Coupé und 280/280 E handelt. Wie damals üblich wurden US-Fahrzeuge übrigens mit deutlich weiter ausladenden Stoßstangen versehen.
Chromteile laufen mit den Jahren an oder werden blind, sie lassen sich aber in der Regel wieder aufpolieren. Die feine Verstrebung im Kühlergrill ist empfindlich gegen Steinschlag. Die Zierleisten an den Fahrzeugflanken sind verschraubt; an den benötigten Karosseriebohrungen setzt mit den Jahren gerne der Rost an, daher gilt: genau ansehen und nach Bläschenbildung unter dem Lack Ausschau halten. Und darauf achten, dass sie rundum fest am Fahrzeug sitzen und keine Feuchtigkeit von oben eindringt.
Die große Zierblende um das hintere Seitenfenster beim Coupé bekommt leicht Kratzer ab, neuer Ersatz ist nicht mehr zu beschaffen (der Verkaufspreis netto lag zuletzt bei fast 500 Euro pro Seite). Die verchromte Dachreling beim Kombi sollte rostfrei und gepflegt aussehen, 280 und 280 E hatten Chromeinsätze auf den Lufteinlässen im Windlauf vor der Frontscheibe – prüfen, ob diese vorhanden sind. Dasselbe gilt für die bei den genannten Modellen verbauten Chromleisten unter den Rückleuchten.

Stoßstangen rosten gern von innen her. Achten Sie auf versteckte Nester hinter den Gummiverkleidungen, die beim US-Modell besonders üppig ausfielen.

Auch der charakteristische großzügige Chrom-Trim um die Seitenfenster sollte in Schuss sein.

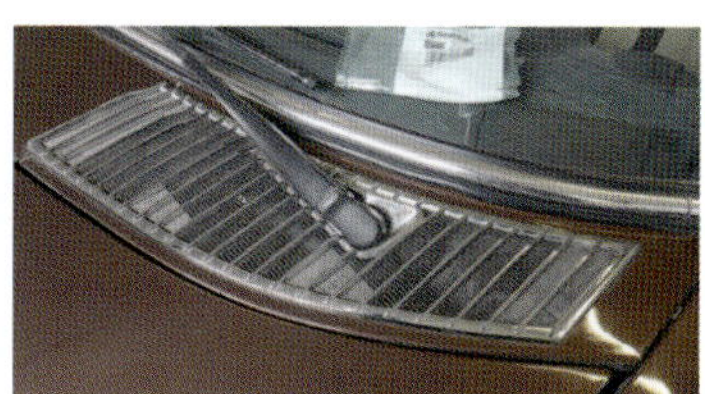

Unter den Lufteinlässen im Windlauf sammeln sich Schmutz, Nässe und Rost.

Räder

++ + o –

4 3 2 1

Ab Werk wurde der W 123 immer mit 14-Zoll-Rädern ausgerüstet, mit Ausnahme der Limousine lang, die auf 15-Zöllern rollte. Auch einige im Werk Südafrika montierte Versionen erhielten 15-Zoll-Räder. Charakteristisch sind die teils in Wagenfarbe lackierten Radzierblenden; ist deren Lackierung nicht mehr schön anzusehen, gibt es spezielle Lackiersterne im Handel. Man sollte sie lieber mit warmem Wasser und einem Schwamm reinigen als mit einem Hochdruckreiniger.

Die typische Mercedes-Radkappe der 60er und der 70er Jahre ist meist in der Wagenfarbe lackiert.

Noch ein Klassiker: Die Barockfelge von Fuchs erfreut sich nach wie vor allergrößter Beliebtheit.

Das originale Fuchs-Alurad – Barockfelge genannt – ist von hervorragender Qualität und korrodiert so gut wie nie.

Verglasung

++ + o –

4 3 2 1

Sämtliche Scheiben rundum wollen sorgfältig kontrolliert sein: Finden sich Sprünge oder andere Schäden? Lufteinschlüsse in der Frontscheibe sieht man beim TÜV nicht gerne, ebenso wenig nachträglich angebrachte Tönungsfolien und dergleichen. Selbstverständlich sollte das begehrte „Color-Glas" rundum verbaut sein. Die Frontscheibe zu ersetzen ist teuer, also achten Sie genau auf den Zustand der Oberfläche. Fahrzeuge, die regelmäßig durch die Waschanlage gefahren wurden, tragen dort ein nur beim genauen Hinsehen sichtbares Muster aus Mikrokratzern.

Auch alle Scheibendichtungen gehören gründlich geprüft. Es handelt sich um Verschleißteile, die mit den Jahren schrumpfen und verspröden oder sich gar auflösen mit der Folge, dass sie Nässe nicht mehr abhalten. Das Ergebnis ist Rost in den Türen und den Scheibenrahmen. Vernachlässigt man die Pflege der seitlichen Scheibendichtungen, kann es zu Kratzern in den Scheiben kommen, weil die Metallklammern, die die Gummis halten, mit dem Glas in Kontakt geraten. Einige Scheibendichtungen werden mittlerweile als Nachfertigung angeboten. Reparaturen an den Scheibenhebern sind hinten beim Coupé aufwändiger.

Diese Coupé-Spiegelhalterungen hat es erwischt: Dort blüht es gern im Verborgenen.

Die Dichtungen zwischen der vorderen Seitenscheibe und dem kleinen dreieckigen Halterahmen der Außenspiegel schrumpfen, was zu eindringender Feuchtigkeit und Korrosion führt, außerdem verklemmen sie sich beim Herablassen der Scheiben.

Schiebedach

++ + o –

4 3 2 1

Kreuzen Sie die „4" an, wenn das Auto keins hat: Eine Fehlerquelle und bei Fehlfunktion ein teures Problem weniger, dafür mehr Kopffreiheit im Innenraum! Die Schiebedächer ließen sich bereits per Knopfdruck elektrisch öffnen und schließen, nur beim T-Modell sind sie grundsätzlich von Hand bedient. Egal wie – das Schiebedach muss sich leichtgängig bewegen, die Führungsschienen sollten mit sauberem Fett versehen sein, das am besten jährlich erneuert wird.

Enorm wichtig ist, dass die Wasserabläufe frei sind: Mit Einverständnis des Verkäufers gießt man vorsichtig Wasser in die Ablauföffnungen oben im Schiebedachrahmen und sieht nach, ob es auch gleich wieder unten – am Vorderende der Schweller – austritt. Sind die Abläufe verstopft und werden nicht freigemacht, läuft Wasser zwischen Dach und Himmel und hinterlässt hässliche und verräterische Stockflecken. Auch unter den Teppichen bilden sich gefährliche Feuchtgebiete, es kommt zu Schimmel- und Rostbefall. Beschlägt das Auto bei laufendem Lüfter leicht, ist das kein gutes Zeichen. Oben kann der Dachrahmen betroffen sein. Das wird dann immer teuer.

So soll es sein: Das Schiebedach ist offenbar in Ordnung, der Himmel ist fleckenfrei.

Sonderfall Coupé

++ + o –
4 3 2 1

Die Türen des Coupés sind länger als die von Limousine und Kombi. Zum einen belasten sie die Scharniere stärker, und es sammelt sich bei Dichtungsdefekten leichter Wasser darin. Man sollte auf jeden Fall die Dichtung an der Türunterkante vorsichtig beiseite drücken und auch unter ihr nach Rostspuren suchen. Auch die Heckscheibe ist größer und daher anfälliger gegen mürbe Dichtungen. Der Wechsel von Front- und Heckscheibe ist im Normalfall eine Sache für den Spezialisten.

Kombi

++ + o –
4 3 2 1

Das T-Modell galt zwar allgemein eher als Lifestyle-Kombi. Das hat ihn aber nicht davor bewahrt, hart herangenommen und schwer beladen zu werden. Die Teleskopdämpfer der Heckklappe ermüden irgendwann, also gilt es, darauf zu achten, ob die Klappe sicher gehalten wird und ob sie sich ohne großen Widerstand nach unten drücken lässt. Der Schließmechanismus der Heckklappe ist komplex und will regelmäßig geschmiert sein. Im Schloss sollte nichts hakeln.

Schnell passiert: Rückfahrscheinwerfer und Stoßstangengummi hat es bei einem Rempler erwischt.

Die Antriebswelle des Heckwischers kann verrosten und klemmt dann in der Führung. Die Heckklappe selbst ist schwer und strapaziert. Ihr Scheibengummi muss besonders gut dichthalten, denn anders als in den Türen gibt es in der Heckklappe keine Ablaufbohrungen. Nebelschluss- und Rückfahrleuchte sitzen unten an den Enden der Stoßstange recht exponiert und werden bei unvorsichtigen Parkplatzmanövern gerne beschädigt. Die Bereiche um den Tankstutzen und um die Rückleuchten ziehen Nässe an und sind potenzielle Rostherde. Auch die Dichtungen um die festen Seitenfenster im Laderaum altern, im schlimmsten Fall dringt dann Wasser ins Wageninnere.

Bläschenbildung: Hier hat der Rost sich unter den Lack gefressen – schuld ist das undichte hintere Seitenfenster.

Wer an seinen W 123 nachträglich eine Anhängekupplung anbauen möchte, sollte das MB-Originalzubehör von ORIS suchen. Es wird an den Rahmenlängsträgern befestigt, Vorrichtungen, die am Unterboden verschraubt werden, stellen eine weitere mögliche Rostquelle dar.

Interieur

Erster Eindruck

++ + o –
4 3 2 1

Auch der Innenraum des W 123 ist von ausgesprochen guter Qualität und Haltbarkeit. Man ist daher versucht, angesichts unverbraucht scheinender Polster auf geringe Kilometer-Laufleistung zu schließen. Das muss nicht so sein. Da viele Teile der Innenausstattung neu nicht mehr zu bekommen sind, gilt auch beim W 123, dass ein komplettes Fahrzeug immer das bessere ist.

Schräge Farbe: Der Bezugsstoff olive sollte wie alle weiteren Varianten so schön aussehen wie auf diesem Werksfoto. Alle Stoffe können ein Autoleben lang halten.

Das Armaturenbrett gehört auf Risse und weitere Beschädigungen untersucht. Blaue Innenausstattungen sind übrigens anfälliger gegen UV-Einstrahlung und Rissbildung als die übrigen. Die Hutablage und die Oberkante der Rücksitzlehne sind bei Fahrzeugen aus sonnigen Gegenden oft verblichen, und auch die hölzernen Einlegeleisten verlieren mitunter an Glanz oder verformen sich.

Wie sieht der Bodenbelag aus? Ist er sauber und unbeschädigt, abgenutzt oder gar durchgescheuert? Es gibt mittlerweile wieder passgenaue Fußmatten als Nachfertigung, mit denen man den fest verlegten Teppichboden schonen kann.

Das vollständigste Auto ist wahrscheinlich auch die beste Wahl: Es ist lästig, sich um passenden Ersatz für Zierteile wie Zebrano-Paneele zu kümmern.

Zur Untersuchung des Autos müssen sämtliche Matten heraus. Der Teppichboden wird nach feuchten Stellen abgesucht. Machen Sie die Tastprobe, eventuell mit einem saugfähigen Papiertuch. Sehen Sie vorsichtig auch unter dem Bodenbelag nach. Nässe im Innenraum ist immer ein schlechtes Zeichen und deutet auf Undichtigkeiten hin, die teuer werden können (s. o.).

Bei offenen Türen werden auch die umlaufenden Türdichtungen rundum gecheckt, die wie alle Gummis schrumpfen und deren Tausch teuer ist und nicht ganz so einfach, wie man sich das vorstellen mag.

Sitzbezüge und Polsterung

++ + o –
4 3 2 1

Mercedes verbaute Sitze mit Sprungfedern, und entsprechend elastisch sollten die Fauteuils sich auch anfühlen. Es war sogar möglich, stärkere Federn zu ordern für den „größeren Fahrer". Allerdings können auch diese Federn ermüden, und das Auto fühlt sich beim Fahren möglicherweise etwas schwammig an, obwohl das Fahrwerk völlig in Ordnung sein kann. Die einzig vernünftige Lösung ist es dann, die Federn zu ersetzen und die Bestuhlung neu aufzubauen – eine Arbeit für den Sattler.

Limousine und Kombi wurden bis zur großen Modellpflege 1982 sehr häufig mit Sitzbezügen aus Stoff und Seitenwangen in MB-Tex ausgestattet. Der Stoff verschleißt mitunter an den Kanten und kann reißen; außerdem ist er empfindlich gegen Flecken. Das legendäre Kunstleder namens „MB-Tex" ist von schier unglaublicher Haltbarkeit. Ledersitze waren ein sehr teures Extra, das meistens dem Coupé gegönnt wurde. Es gab auch Velours-Bezüge mit hohem Wollanteil, sehr komfortabel und attraktiv, aber empfindlicher und verschleißfreudiger.

200.000 Kilometer sieht man diesem Lederbezug nicht an.

Sehr elegant, aber auch empfindlich: Verlours-Ausstattung mit den typischen quergerippten Seitenwangen.

Koffer- und Laderaum

++	+	o	–
4	3	2	1

Die Reserveradmulde ist auch für eindringendes Wasser ein ideales Sammelbecken, genaue Inspektion daher Pflicht. Das Reserverad muss auf jeden Fall herausgenommen werden, dann am besten mit einer Taschenlampe die Mulde und alle anderen Bereiche im Kofferraum nach Nässe durchsuchen. Eindringen kann diese auf verschiedene Weise: Scheibendichtungen, Rückleuchten, Kofferdeckeldichtung können defekt sein, aber auch neben dem Tankeinfüllstutzen kann Wasser eindringen.

Sonderfall Coupé

++	+	o	–
4	3	2	1

Die Coupés der ersten Serie trugen Walnuss-Wurzelholz am Armaturenbrett und in der Mittekonsole, das deutlich mehr hermacht als das ansonsten übliche Zebrano. Dessen Ersatz ist allerdings erheblich einfacher. Beim Walnuss-Dekor muss man unter Umständen die gesamte Blende austauschen, weil Färbung und Maserung der einzelnen Bestandteile aufeinander abgestimmt sind.

Die Rückenlehnen der Vordersitze im Coupé werden bei laufendem Motor von einer Vakuum-betätigten Sperre verriegelt, deren Funktionsprüfung unbedingt erforderlich ist.

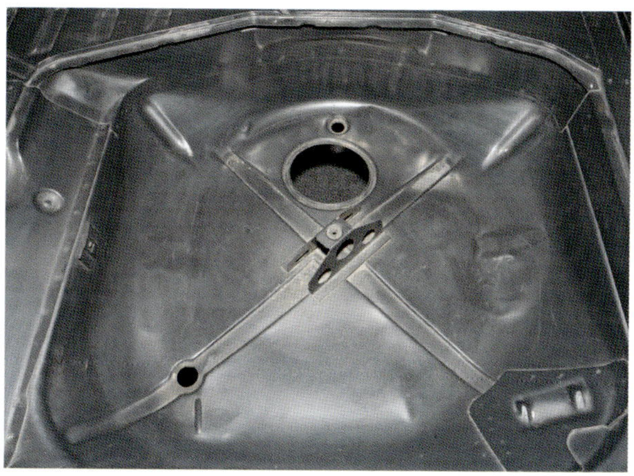

Makellos: Diese Reserveradwanne ist freilich auch das Ergebnis einer Komplettrestaurierung.

T-Modell

++	+	o	–
4	3	2	1

Im Kombinationskraftwagen prüfe man, ob sich die Rücksitzbanklehne herunterklappen lässt und das Trennnetz vorhanden ist. Die als Extra bestellbare dritte Sitzreihe im Laderaumboden sollte ebenfalls einwandfrei funktionieren, und bei beiden hinteren Sitzbänken sind auch Zustand und Funktion der Sicherheitsgurte zu überprüfen. Der Scheibenwaschwassertank für die Heckscheibe wird mit den Jahren spröde und undicht – eine weitere mögliche Ursache für Nässe im Laderaum.

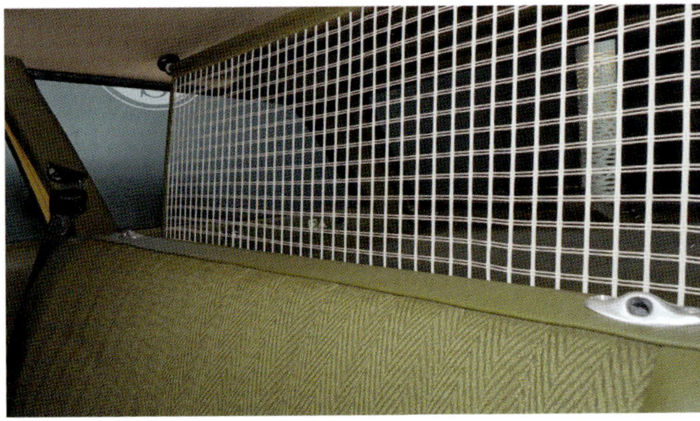

Praktisches Zubehör ist das Trennnetz zum Laderaum.

Elektrische Anlage und Aggregate

Viele Interessenten werden am W 123 gerade schätzen, dass nicht allzu viele elektrische Spielereien eingebaut wurden – und heute ausfallen können. Was an Bord ist, ist dafür Mercedes-typisch sehr zuverlässig.

Instrumente und Kontrollleuchten

++	+	o	–
4	3	2	1

Die mechanischen Kilometerzähler fallen nicht selten aus, nicht nur bei Mercedes und dem W 123. Falls das Zählwerk also streiken sollte, kann ein Auto eine deutlich höhere Laufleistung hinter sich haben, als der Kilometerstand suggeriert, also achte man auch auf Abnutzungen an Lenkradkranz, Schalthebel und Pedalgummis. Einen Drehzahlmesser gab es in der ersten Serie nur auf Sonderwunsch, also ist rechts neben dem Tacho ausschließlich eine Zeituhr eingebaut.

Der aufwändige Kombi-Lenkstockhebel links an der Lenksäule betätigt das Fahrlicht, den Scheibenwischer und den Blinker; er sollte unbedingt einwandfrei arbeiten. Das gilt natürlich auch für alle Sonderausstattungen wie elektrische Fensterheber und Schiebedach, Sitzheizung oder die Verstellung der Außenspiegel.

Passt die angezeigte Kilometerleistung zum Gesamteindruck?

Alles sollte funktionieren, das gilt auch für die Schalter der elektrischen Sitzheizung und die Außenspiegelverstellung.

Radio

++ + o –
4 3 2 1

Zu Zeiten des W 123 waren die Auswahlmöglichkeiten in Sachen Unterhaltungselektronik noch sehr überschaubar; von Mercedes bekam man nur eine kleine Auswahl an Radios mit oder ohne Cassettenteil, stets vom Hauslieferanten Becker. Im Sinne der Originaltreue ist so ein Radio natürlich ein Plus. Spezialisten machen übrigens auch alte Radios USB- und Bluetooth-tauglich. Die häufig georderte Motorantenne klemmt manchmal, mit etwas Glück reicht etwas Kriechöl aus der Sprühdose.

Original: Das Becker Europa bot immerhin schon sechs Stationstasten.

Beleuchtung

++ + o –
4 3 2 1

Sie macht meist keine Schwierigkeiten, und anders als heute sind sämtliche Leuchtmittel leicht erreichbar und auszutauschen. Die bis 1982 bei den schwächer motorisierten Autos obligatorischen Rundschweinwerfer leiden unter erblindenden Reflektoren und ausgeblichenen Ziergittern; defekte Dichtungen lassen Nässe eindringen und führen zum Beschlagen der Streuscheiben von innen. Die Rückleuchten mit ihrer auffälligen Verrippung, die auch bei Verschmutzung noch gut sichtbar bleiben, sollte man gründlich auf Sprünge und Risse untersuchen.

Undichte Streuscheiben lassen Nässe herein, die für Beschlag und Gammel sorgt.

Die charakteristischen Riffel-Rückleuchten können im Alter reißen.

Klimaanlage

++ + o –
4 3 2 1

Hier gibt es ebenfalls vier Punkte, falls gar keine Klimaanlage an Bord ist: Eine üble Fehlerquelle weniger! Eine Klimaanlage, die nicht mehr kühlt, hat meistens einen defekten Kompressor. US-Fahrzeuge hatten bis 1981 eine spezielle Klimaautomatik, die an dem breiten Bedienpult im Armaturenbrett zu erkennen ist. Hier fallen die Kompressorkupplung oder die unterdruckbetätigten Aktuatoren der Ausströmer aus. Beide Anlagen wurden mit dem mittlerweile verbotenen Kühlmittel R12 betrieben. Man kann sie auf das heutige Standardmittel R134a umrüsten, das kostet aber natürlich etwas. Informieren Sie sich rechtzeitig über die Kosten.

Beschlägt die Windschutzscheibe von innen, wenn man die Lüftung auf der sogenannten Defrosterstellung laufen lässt? Dann ist der Wasserablauf im Luftansaugtrakt unter dem Windlauf verstopft und Wasser steht im Heizungskasten.

Batterie

++ + o –
[4] [3] [2] [1]

Praktischerweise sollte man ein Testgerät bei der Hand haben und den Zustand der Batterie prüfen. Steht in Kürze der Austausch an, sollte der Verkäufer das bei der Preisfindung berücksichtigen. Wurde sie angeblich erst vor kurzem getauscht, sollte sich das möglichst mit einer Rechnung nachweisen lassen.

Motor und Mechanik

Ein Blick in den Motorraum

++ + o –
[4] [3] [2] [1]

Erfreulicherweise besitzt auch der W 123 eine Motorhaube, die sich zu Service-Zwecken senkrecht aufstellen lässt. Die Schalldämmung in der Haube löst sich mit zunehmendem Alter auf und ist häufig unansehnlich; der Tausch ist aber einfach zu bewerkstelligen und nicht teuer.
Wie steht es um den Gesamteindruck im Motorraum? Sind alle Bauteile, Züge, Schläuche und der Keilriemen in Ordnung, findet sich Rost an den Stehwänden oder im Bereich um den Kühler oder die Batterie? Auch ein Mercedes-Kühler hält nicht ewig – wurde er getauscht, hat man hoffentlich auch die Schläuche erneuert. Oberflächlicher Rost an Gussteilen wie dem Auspuffkrümmer oder am Hosenrohr ist unkritisch.
Sind irgendwo Spuren von Öl oder anderen austretenden Flüssigkeiten zu erkennen? Auch unter dem Auto nachsehen! Kleinere Ölundichtigkeiten bei Motor, Getriebe und Differenzial sind nicht ungewöhnlich und kein Anlass zur Sorge, der Motor sollte aber nicht mehr als einen Liter Öl auf 1000 Kilometer verbrauchen. Die Kraftstoffleitungen können korrodieren und undicht werden, suchen Sie also auch mit der Nase!

Schrauberfreundlich: Bei Arbeiten an diesem 280 Er mit Vergaser stößt man sich dank weit öffnender Haube nicht so leicht den Kopf.

Kein Grund zur Sorge: Die Reste der Motorhauben-Dämmung lassen sich leicht beseitigen, und eine neue ist schnell montiert.

Mechanik allgemein

++	+	o	–
4	3	2	1

Sämtliche im W 123 verbauten Motoren sind legendär haltbar, die Saugdiesel erreichen bisweilen die Marke von einer Million Kilometern ohne echte Reparatur. Auch beim Benziner, vor allem dem M-115-Vierzylinder, sind 500.000 Kilometer nicht ungewöhnlich – regelmäßige Wartung vorausgesetzt. Es gibt erfahrene W-123-Besitzer, die alle 5000 Kilometer Motoröl und Filter wechseln. Ein vollgestempeltes Serviceheft ist natürlich der Idealfall, aber der regelmäßige Tausch von Luft- und Kraftstofffilter, Zündkerzen, Bremsflüssigkeit und Kühlmittel sind weitere einfache Arbeiten, die man problemlos selbst erledigen kann. Wenn die Historie diesbezüglich nicht lückenlos ist, muss das also nicht unbedingt bedeuten, dass das Auto vernachlässigt wurde.
Bei der Bewertung der folgenden Motoren geben Sie nach dem üblichen Schema natürlich nur der Bauart eine Note, die Ihr Testkandidat auch unter der Haube hat.

Heerscharen von Taxifahrern verbrachten einen großen Teil ihres Berufsleben am Steuer eines zähen W 123 mit Dieselmotor.

Der Fünfzylinder-Turbo des 300 TD (OM 617) – hier auf dem Prüfstand – ist der Top-Diesel im 123er.

Benzinmotoren: Vierzylinder

++	+	o	–
4	3	2	1

Der M 115 war schon ein altes Stück Motorenbau, als der W 123 mit diesem Motortyp als 200 und 230 auf den Markt kam. Seine Höchstleistung entwickelt er bei bescheidenen 4800 Umdrehungen pro Minute, und er gilt als echter Dauerläufer. Die Stromberg-Vergaser machten hin und wieder kleine Probleme, die sich in unrundem Leerlauf und Schütteln beim Beschleunigen äußerten; dieselben Symptome zeigen sich aber auch bei Falschluft am Ansaugkrümmer, was meist mit neuen Dichtungen erledigt ist. Häufiger Kurzstreckenverkehr führte auch immer wieder zu Defekten an der Drosselklappe.

Der 1980 eingeführte M 102 war deutlich moderner konstruiert, etwas leichter und auf höhere Leistung bei geringerem Kraftstoffverbrauch ausgelegt. In Puncto Haltbarkeit konnte er seinem Vorgänger aber nicht Paroli bieten, und die einfach ausgelegte Steuerkette zur Nockenwelle war anfangs die Achillesferse: Nicht selten versagte der Kettenspanner aufgrund des bei kaltem Motor noch geringen Öldrucks seine Arbeit und die Kette sprang mangels Spannung über. Im Nachfolger W 201 erhielt der M 102 dann eine Duplexkette. Beim W 123 empfiehlt es sich, Kette, Spanner und gegebenenfalls auch die Zahnräder zu ersetzen.

Und so sieht er von innen aus: Der Vierzylinder M 102 war in unzähligen 123ern, 124ern und 190ern unterwegs.

Hin und wieder reißen die Abgaskrümmer, was sich durch lautes Klappern unter Last bemerkbar macht. Kenner empfehlen, lieber gebrauchte OE-Teile zu verwenden oder sogar den Defekt zu reparieren – Nachfertigungen sind oft von minderer Güte. Wird es dem Motor zu heiß, liegt das meist nur am Thermostaten oder dem temperaturgesteuerten Schalter für den elektrischen Kühlerlüfter.

Beide M 102 sind empfindlich, was die Zündkerzen angeht, Experimente mit dem Wärmewert sollte man unterlassen. Bei den Vergasermotoren neigt die mechanisch betriebene Benzinpumpe im Alter zu Undichtigkeiten. Die im 230 E verwendete K-Jetronic ist weitestgehend problemfrei, Defekte sind aber nicht so einfach zu beheben und können ins Geld gehen. Springt ein Einspritzer nicht an, obwohl er ansonsten gut gepflegt zu sein scheint, könnte das ganz einfach am Relais der elektrischen Benzinpumpe liegen, das aber recht einfach zu reparieren und noch leichter zu ersetzen ist.

Benzinmotoren: Sechszylinder

++	+	o	–
4	3	2	1

Der 2,5 Liter große M 123 mit einfacher obenliegender Nockenwelle kam ausschließlich im W 123 zum Einsatz, und zwar in den Limousinen und im Kombi, nicht im Coupé. Ein eleganter Motor, der eigentlich ideal zum Auto passen würde, wäre da nicht sein komplexer Solex-Doppel-Registervergaser, der mit insgesamt vier Drosselklappen in einem Gehäuse immer schon schwer einzustellen war und falsche Einstellung mit unrundem Motorlauf und exzessivem Spritverbrauch bestraft. Heutzutage findet man kaum noch jemanden, der sich an diese Gemischfabrik herantraut. Ein 250er W 123 kann ein wunderbares Stück Technik sein, aber der Interessent sollte genau hinsehen.

Der M 110 mit DOHC-Ventilsteuerung und 2,8 Litern Hubraum ist eher ein Sportmotor, der erst oberhalb von 4000/min richtig Leistung und Drehmoment bietet. Vor allem die Einspritzmaschinen in 280 E, CE und TE sind den anderen Motoren im W 123 deutlich überlegen, dafür aber auch durstiger.

Unrunder Motorlauf kann im 280 dem hier ebenfalls verbauten Solex 4A1 zu verdanken sein, beim 280 E könnte ein Defekt an der Einspritzanlage ursächlich sein. Generell aber ist die Wartung des Einspritzers weniger aufwändig als die des Vergasermotors. Wie beim 230 E kann bei den großen Einspritzern das Kraftstoffpumpenrelais ausfallen. Die Benzinschläuche

Der M 123 ist das etwas empfindliche Herz des 250ers.

Eine Augenweide für Technikliebhaber ist der Sechszylinder des 280 E.

zum Kraftstofftank härten mit der Zeit aus und sollten irgendwann durch neue ersetzt werden. Wer sich für einen 280 E interessiert, sollte unbedingt sichergehen, dass der Motor ordentlich gewartet wurde und in gutem Zustand ist. Am Doppelnocker mit dem Leichtmetallzylinderkopf werden Reparaturen schnell teurer als gedacht. Kühlmittel und -kreislauf unbedingt genau ansehen und nach Undichtigkeiten an der Kopfdichtung und Rissen im Motorblock Ausschau halten. Hoher Ölverbrauch und blauer Nebel aus dem Auspuff sind Anzeichen für verschlissene Kolbenringe.

Dieselmotoren: Vier- und Fünfzylinder

++	+	o	–
4	3	2	1

Die Diesel im W 123 gehören zu den längstlebigen Motoren, die jemals im Automobilbau zum Einsatz kamen. Mit Ausnahme der Glühkerzen benötigen sie keinerlei elektrische oder elektronischen Bauteile, und was nicht da ist, kann bekanntlich nicht kaputtgehen. Der Fünfzylinder ist als Turbo etwas komplexer, liefert dafür aber auch mehr Leistung ab. Die Robustheit verleitet allerdings auch manche Besitzer zur Nachlässigkeit. Immerhin sind ja sogar einige Dieselfahrer mit Pflanzenöl im Tank unterwegs.

Auch die Diesel wollen jedenfalls gewartet sein, regelmäßiger Tausch aller Filter ist unerlässlich, ebenso sollte das Ventilspiel alle 20.000 Kilometer eingestellt werden – falsches Spiel quittiert der Motor mit schlechtem Startverhalten und unruhigem Lauf. Steuerkette und -spanner bei dieser Gelegenheit ebenfalls kontrollieren! Andere mögliche Defekte wie eine durchgeblasene Zylinderkopfdichtung und ausfallende Glühkerzen oder Einspritzdüsen (die zu hohen Kraftstoffverbrauch nach sich ziehen) sind relativ unproblematisch zu reparieren. Bei sehr hoher Laufleistung kommt es zu Ausfällen der Vakuumpumpe, für die es aber Ersatz gibt. Beim Fünfzylinder (OM 617) kann es zu starken Vibrationen kommen, wenn ein Defekt an der Schwungscheibe vorliegt.

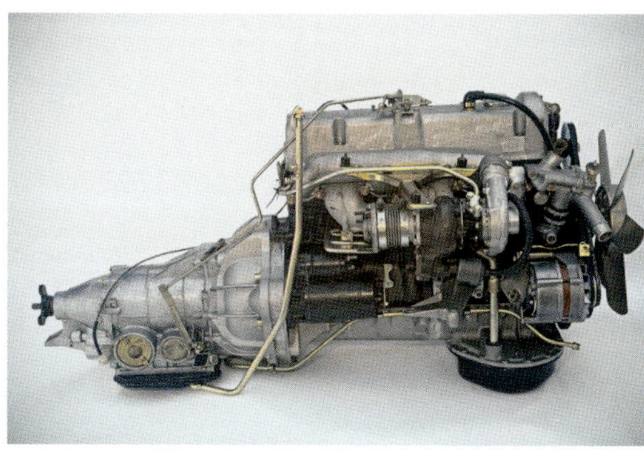

Der OM 617 war der erste Diesel mit Turboaufladung, der in einem Großserien-Mercedes zum Einsatz kam.

Auspuffanlage

++ + o –
4 3 2 1

Die originale Abgasanlage im W 123, Hersteller war die Firma Eberspächer, war von hoher Qualität und sehr langlebig. Muss sie heute ersetzt werden, bleibt nur der Griff zu Nachfertigungen, die in puncto Passgenauigkeit und Haltbarkeit mit Originalteilen leider so gut wie nie mithalten. Teure Edelstahlanlagen mögen dem Rost länger widerstehen, passen aber auch nicht immer genau und sind oft deutlich lauter.

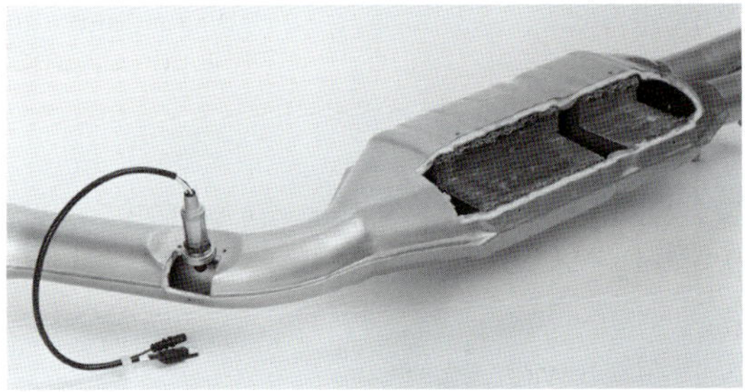

Dreiwege-Katalysator für einen späten W 123 von 1984

Getriebe

Manuelles Schaltgetriebe

++ + o –
4 3 2 1

Die Diesel und die Vierzylinder wurden größtenteils mit Vierganggetrieben ausgeliefert, fünf Gänge galten zu dieser Zeit noch eher als sportliches Attribut und wurden von den Erstkäufern eher für die 280 Er-Modelle geordert. Regelmäßig gewartet, wozu ein kompletter Ölwechsel alle 60.000 Kilometer gehört, und vernünftig behandelt, sollten beide Schaltgetriebe ohne weiteres 400.000 bis 500.000 Kilometer ohne Beanstandungen durchhalten. Auch im Neuzustand fühlte sich der Handschalter immer etwas sehr knochig an. Wer von der heutigen Technik verwöhnt ist, sollte vielleicht einen erfahrenen Schrauber mitnehmen, der die vergleichsweise harten Gangwechsel nicht mit einem Defekt verwechselt – die Synchronringe des zweiten Ganges galten zeitweilig als etwas anfällig.

Die Getriebelager sind trotz aller Haltbarkeit Verschleißteile, man sollte also bei mahlenden Geräuschen davon ausgehen, dass in näherer Zukunft etwas am Getriebe getan werden muss. Wer ausfallende Lager längere Zeit ignoriert, riskiert deutlich größere und teurere Verschleppungsschäden.

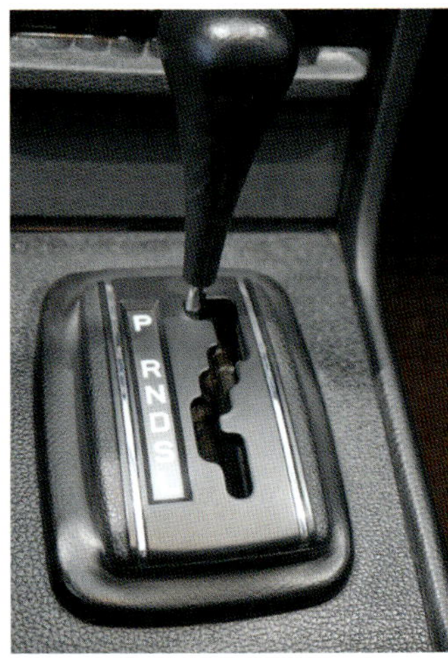

Beim Automatikcheck kommt es vor allem darauf an, dass das Getriebe alle Gänge sauber durchschaltet.

Heulen von der Hinterachse einzuschätzen ist ebenfalls eine Sache für den Fachmann; es kann sich um ein „kommendes" Radlager handeln, im schlimmeren Fall droht ein Defekt am Differenzial. Die Antriebswellenmanschetten sind auf jeden Fall zu inspizieren, sie sind stark beansprucht, und auch hier gilt, dass ein vernachlässigter kleiner Defekt zu großen Folgeschäden führen kann.

Automatikgetriebe

++ + o –
4 3 2 1

Das Mercedes-Automatikgetriebe mit vier Gängen (zu einer Zeit, als drei Gänge im Automaten noch Standard waren) ist ebenfalls sehr zuverlässig. Bei regelmäßigem Ölwechsel sind auch deutlich mehr als 300.000 Kilometer ohne größere Reparatur normal. Die Schlauchleitungen zum Kühler, durch die das Getriebeöl fließt, sollte man zu gegebener Zeit erneuern – auf jeden Fall, wenn der Kühler selbst ohnehin getauscht werden muss.

Ruckeln im Antriebsstrang beim Beschleunigen oder Drehzahlsprünge beim Schaltvorgang sind ein sicheres Zeichen, dass das Getriebe über kurz oder lang einer Revision unterzogen werden sollte. Wer dann ein gutes Gebrauchtgetriebe ausfindig macht, kommt meist billiger aus der Sache raus, zudem ist es heutzutage auch nicht mehr ganz einfach, einen kundigen Mechaniker zu finden, der sich mit der Überholung eines solchen Getriebes wirklich auskennt.

++ + o –

Fahrwerk

4 3 2 1

Bei seiner Einführung konnte der W 123 mit einem der fortschrittlichsten Fahrwerke auf dem Markt trumpfen; heute haben häufig die Lagerbuchsen vor dem Fahrzeuggewicht kapituliert. Wie man Stoßdämpfer zumindest grob prüft, weiß eigentlich jeder Autofahrer – jede Ecke des Wagens hinabdrücken und dann loslassen – Das Auto sollte nicht nachwippen. Außerdem dürfen die Dämpfer nicht lecken. Die Schraubenfedern brechen manchmal, ein Schaden, der häufig unbemerkt bleibt, sich aber an Geräuschen und auch am unebenen Stand des Autos feststellen lässt. Die Federteller sind stets vom Rost bedroht, und auch Teile wie der Vorderachsstabilisator und die Schräglenker der Hinterachse lassen sich besser inspizieren, wenn man das Auto auf einer Bühne anheben kann. Ungleichmäßig abgefahrene Vorderreifen warnen vor fälligen Traggelenken – ein Job, der mit Heimwerkermitteln nicht zu bewältigen ist, und auch der Wechsel der hinteren Radlager erfordert Spezialwerkzeug.

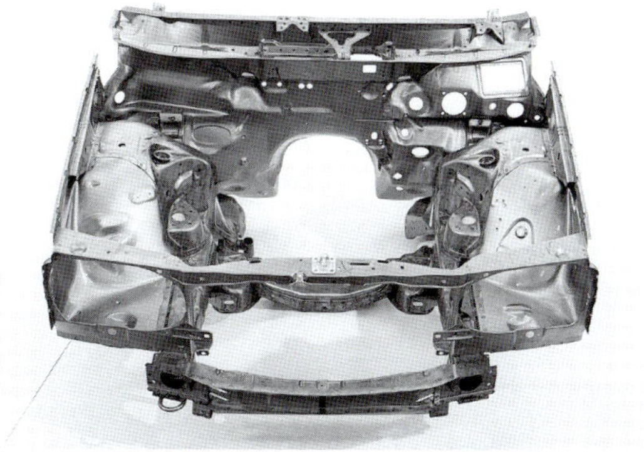

Alles Blech: Der Vorderbau des W 123 ohne alles

Die verlängerte Limousine und der Kombi wurden ab Werk mit einer hydropneumatisch unterstützten Hinterachse ausgerüstet, die sie für höhere Beladung wappnen sollte. Deren Test ist nicht sehr schwer: Zwei oder drei ausgewachsene Personen im Laderaum und auf den Rücksitzen sollten das Heck des Autos deutlich in die Federn zwingen, bei laufendem Motor muss die Hydropneumatik das Auto aber trotz dieser Last wieder anheben. Passiert das nicht, klemmt mit etwas Glück nur der zuständige Höhenregler im Wagen und lässt sich mit etwas Öl wieder gängig machen. Auf der Hebebühne kann man auch nach Lecks in der Anlage suchen, die komplette Überholung umfasst auch Prüfung und Wartung von Regelventil und Kompressor. Eine komplett trockene Hydropneumatik macht sich durch merklich schlechteren Federungskomfort bemerkbar.

++ + o –

Lenkung

4 3 2 1

Der W 123 hat eine Kugelumlauflenkung, bei der etwas Spiel um die Mittellage normal und unvermeidlich ist. Kann man aber mehr als zwei Finger breit in jede Richtung am Lenkrad drehen, ohne dass das Auto hinterherfährt, könnte das beim TÜV zu Diskussionen führen. In Grenzen lässt sich das Lenkgetriebe nachjustieren, darüber hinaus wird ein Tausch oder eine kostenintensive Überholung notwendig. Ist das Auto über die Maße seitenwindempfindlich, kann aber auch lediglich der deutlich günstiger zu ersetzende Lenkungsdämpfer die Ursache sein.

Typisch für jeden Mercedes dieser Ära: das aus heutiger Sicht riesige Lenkrad.

++ + o –

Reifen

4 3 2 1

Alle vier Reifen sollten von derselben Art sein, ein Mix aus Sommer- und Winterreifen ist nicht nur verboten, sondern auch ganz allgemein ein schlechtes Zeichen. Dasselbe gilt, wenn die Reifen ähnlich alt zu sein scheinen wie das Auto – in Kapitel 15 steht, wie sich anhand der DOT-Ziffer das Alter bestimmen lässt. Die Reifengröße ab Werk war 175R14, heutzutage wird diese Angabe um den Querschnitt /80 ergänzt. Für die meisten W 123 genügte der Geschwindigkeitsindex „S". Coupé, Kombi und alle 280 Er erhielten Reifen der Größe 195/70R14, wobei die 280 Er Reifen mit der Kennung „H" benötigten. Die lange Limousine fuhr auf 185/80HR15.

Vergessen Sie das Reserverad nicht – dieser Reifen ist vermutlich schon sehr alt, Scheuerleisten sind nicht gerade verbreitet.

Schön, wenn der Aufkleber noch da ist: Ein Blick auf die Tankklappe verrät den korrekten Druck.

++ + o –

Bremse

4 3 2 1

Alle W 123 besitzen hydraulisch betätigte Scheibenbremsen mit Festsätteln rundum, die Handbremse wirkt über eigene Bremsbacken in den hinteren Scheibentöpfen. Am Kombi wurden die größeren Scheiben aus der S-Klasse W 116 verbaut. Die Bremsanlage ist wenig anfällig, ab und zu verabschieden sich Dichtungen aus dem Hauptbremszylinder; in der Folge lösen sich die Bremsen nur unwillig. Dasselbe geschieht, wenn Bremsschläuche innen aufquellen und Leitungen korrodieren: Der servounterstützte Pedaldruck zwingt die Flüssigkeit in Richtung der Bremssättel, deren Rückstellkraft reicht aber nicht für die Gegenrichtung aus. Bremsflüssigkeit vom Typ DOT3 oder DOT4, wie sie im W 123 zum Einsatz kommt, zieht Wasser und muss spätestens alle zwei Jahre getauscht werden. Ist das lange nicht gemacht worden, droht gefährlicher Rost.

England ist anders: Die Rechtslenker haben einen echten Hand-Bremsgriff rechts vom Lenkrad.

Unterdruckanlage

++ + o –

4 3 2 1

Im W 123 werden die Zentralverriegelung und die Klimaanlage und bis 1984 auch die Modulatoren des Automatikgetriebes über eine vakuumbetriebene Steueranlage betätigt. Lassen sich die Türen nicht sauber verriegeln, ist oft die Unterruckpumpe defekt – und leicht zu ersetzen. Schwieriger wird es, wenn das Schlauchsystem ein Leck hat. Das kann sehr schwer aufzuspüren sein.

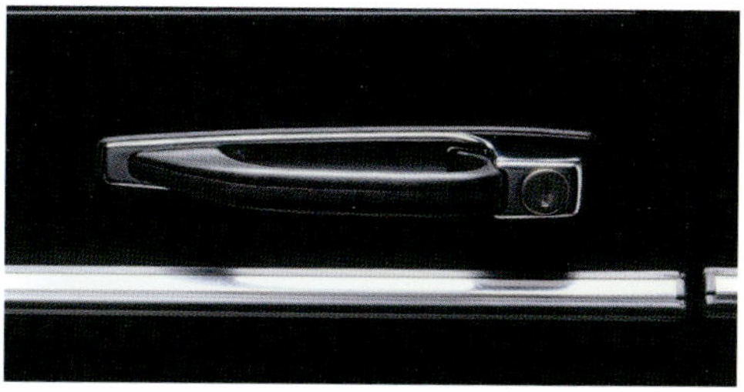

Die korrekte Funktion der unterdruckbetätigten Zentralverriegelung ist schnell geprüft.

Bodengruppe

++ + o –

4 3 2 1

Intakter Steinschlagschutz auf dem Unterboden (Fahrzeuge aus dem Werk in Südafrika liefen teilweise komplett ohne vom Band) ist wichtig. Ist er auffällig dick aufgetragen, muss das aber nicht unbedingt ein Zeichen besonderer Fürsorge sein, denn man kann damit auch gut unfachmännische Reparaturversuche kaschieren. Wieder wäre es sehr hilfreich, den Kandidaten auf einer Hebebühne genauer untersuchen zu können, indem man mit dem Griff eines Schraubendrehers alle Bereiche der Bodengruppe abklopft und sie bei unterschiedlichem Geräusch genauer ansieht. Überall dort, wo mehrere Lagen Blech zusammenkommen, ist potenziell Nässe und Rost zu finden. Das gilt auch für die Verbindungspunkte zu Hilfsrahmen und Achsaufnahmen. Ebenfalls in diesen Abschnitt der Inspektion gehören Brems- und Spritleitungen sowie der Auspuff. Beim Kombi besteht die Gefahr, dass der Tank bei Aufsetzern eingedrückt wird; der korrekte Fluss des Kraftstoffs kann dadurch beeinträchtigt werden.

Profi-Inspektion

Den W 123 seiner Wahl in einer Mercedes-Niederlassung oder einer guten freien Werkstatt auf Herz und Nieren prüfen zu lassen, ist ab einem gewissen Kaufpreis eine durchaus sinnvolle Ausgabe. Ein vertrauenswürdiger Verkäufer sollte dagegen keine Einwände haben – das Ergebnis ist ja auch für ihn wertvoll in der weiteren Verhandlung oder bei späteren Interessenten. Der bereits empfohlene Besuch auf der Hebebühne ist dabei selbstverständlich, aber je nach finanziellem Einsatz kann man auch komplexere Kontrollen beauftragen, Prüfung von Ventilspiel und Kompression beispielsweise. Vor allem bei einem Auto mit einer nicht hinreichend dokumentierten Wartungshistorie sollte man diesen Schritt unternehmen.

Auswertung

Alle Punkte zusammengezählt (bei Motor und Getriebe natürlich nur die zutreffende Rubrik)? 124 Punkte bei Coupé und Kombi und 116 bei der Limousine wären perfekt, an so einem Auto gibt es kaum etwas auszusetzen oder bald etwas zu tun. 93 bis 87 Punkte? Ein gutes Ergebnis, das Auto sollte uneingeschränkt fahrtüchtig sein, einige kleinere Sachen stehen aber womöglich in Bälde an. 62 bis 58 Punkte ergeben ein durchschnittlich erhaltenes Fahrzeug, das aber auf jeden Fall noch einiges an Arbeit und Kosten fordern wird. Bei 31 bis 29 Punkten sollte man sich sehr genau überlegen, ob man das Geld für diesen Kandidaten wirklich anlegen möchte, die zu erwartenden Folgekosten machen ihn möglicherweise teurer, aber deshalb nicht unbedingt besser als ein schon von vorneherein möglichst gutes Auto.

10 Auktionen – ein anderer Weg zum Traumwagen

Pro und Kontra

Pro: Die Preise sind im Allgemeinen niedriger als bei Händlern oder privaten Verkäufern und man kann möglicherweise ein echtes Schnäppchen machen. Professionelle Versteigerer haben zumeist alle Formalitäten mit dem Verkäufer erledigt.

Kontra: Man muss allein der Beschreibung im Katalog vertrauen. Die Möglichkeiten zur Überprüfung sind begrenzt und eine Probefahrt ist nicht möglich. Auktionsmodelle sind oft in einem unterdurchschnittlichen Zustand und verlangen nach zusätzlichen Reparaturen.

Welche Auktion?

Die Veranstaltungen der etablierten Auktionshäuser werden in Automobilmagazinen oder auf den Internetseiten der Unternehmen angekündigt. Der Katalog oder eine einfache Aufstellung der zum Aufruf kommenden Modelle ist erst kurz vor der Auktion erhältlich. Allerdings veröffentlichen die Unternehmen ihre Angebote auch schon früher auf ihren Internetseiten. Nehmen Sie Kontakt mit dem Auktionshaus auf, um die Ausrufpreise zu erfahren. Details der bereits gelaufenen Auktionen sind zumeist im Netz zu erfahren und ein guter Indikator.

Katalog, Eintrittsgelder und Zahlungsmodalitäten

Der Katalog fungiert oftmals auch als Eintrittskarte für zwei Personen während der Besichtigungstage und für die Auktion selbst. Die Angaben in den Katalogen sind zumeist kurz und knapp, enthalten aber in der Regel Angaben über die Zahl der Besitzer, den Kilometerstand und die Wartungsgeschichte des Wagens. Der angegebene Ausrufpreis gibt eine erste Andeutung, in welchen Kategorien man sich bewegt, und gleichzeitig werden im Katalog auch die verschiedenen Zahlungsformen sowie das verlangte Aufgeld angegeben. Zumeist verlangt der Auktionator Barzahlung, es sind aber auch andere Modalitäten wie Zahlung mit Kreditkarte oder mittels eines von der Bank bestätigten Schecks möglich. Kein Fahrzeug wird herausgegeben, bevor nicht alle Zahlungsmodalitäten geklärt sind. Bei Verzögerungen kann der Auktionator Lagergebühren verlangen.

Aufgeld

Bei der Kalkulation darf man unter keinen Umständen das Aufgeld vergessen. Daneben können noch andere Steuern fällig werden.

Besichtigung

Bei den meisten Auktionen ist vorab eine Besichtigung der Wagen möglich. Hilfskräfte des Auktionators sind dabei durchaus bereit, die Motor- oder Kofferraumhaube zu öffnen und sie werden es auch zulassen, dass man den Innenraum besichtigt. Der Motor kann zwar gestartet werden, eine Probefahrt aber ist absolut ausgeschlossen. Man darf den Wagen auch von unten überprüfen, aber mit Sicherheit wird man die Bitte, den Wagen auf eine Bühne zu stellen, ablehnen. Man kann allerdings die wichtigsten Dokumente einsehen.

Bieten

Bevor man sich an einer Auktion beteiligt, sollte man sich unbedingt über sein persönliches Höchstgebot im Klaren sein und – auch wenn es mitunter schwer fallen mag – dabei bleiben.

Bis das begehrte Auto aufgerufen wird, vergeht meistens einige Zeit, die man nutzen kann, um die anderen Bieter zu beobachten. Ist der anvisierte Wagen an der Reihe, sollte man die Aufmerksamkeit des Auktionators auf sich ziehen, indem man ein frühes Gebot abgibt. Der Auktionator wird dann immer zu Ihnen blicken, um eine Reaktion auf ein Gebot zu bekommen. Zumeist wird in genau definierten Schritten gesteigert, was sich erst ändern kann, wenn die Gebote langsamer kommen. Dann werden auch kleinere Schritte akzeptiert. Wenn man sich aus dem Gebotgefecht verabschieden will, sollte man dies dem Auktionator unmissverständlich signalisieren – ein deutliches Kopfschütteln sollte reichen.
Bei einem erfolgreichen Gebot notiert sich der Auktionator die Nummer Ihrer Karte, und von nun an sind Sie für den Wagen verantwortlich.
Wird der Wagen nicht verkauft, weil er schlicht kein ausreichendes Interesse fand oder unter dem Ausrufpreis blieb, gibt es immer noch die Möglichkeit, mit dem Besitzer – unter Vermittlung des Auktionators – direkt zu verhandeln.

Erfolgreiches Gebot

Bereits im Vorfeld sollte man sich für diesen Fall ein paar Gedanken gemacht haben. Wie wird der Wagen nach Hause transportiert und welche Versicherung wird dafür benötigt? Die Versicherungsfrage sollte man auf jeden Fall bereits vor der Auktion geklärt haben. Ist der Wagen nicht fahrbereit: Kann man ihn auf einem Anhänger transportieren oder muss man die Aufgabe an ein qualifiziertes Unternehmen delegieren? Das Auktionshaus verfügt zudem ebenfalls über entsprechende Adressen.

eBay und andere Internet-Auktionen

Bei eBay und anderen Internet-Auktionshäusern kann man durchaus für einen günstigen Preis an seinen Traum-Klassiker kommen, doch sollte man nicht auf eine vorangehende gründliche Untersuchung des Wagens vor Ort verzichten. Die meisten Anbieter ermutigen die Interessenten sogar ausdrücklich dazu. Bei eBay wird stets der Standort des Wagens genannt, sodass man sich ein Angebot in erreichbarer Nähe aussuchen kann. Seien Sie darauf vorbereitet, in letzter Minute überboten zu werden. Sie sollten sich darüber im Klaren sein, dass Ihr Gebot bindend ist, es aber andererseits sehr schwer ist, einen betrügerischen Anbieter vor Gericht zur Rechenschaft zu ziehen. Immer wieder kommt es auch zum Verkauf von „Geisterwagen". Daher sollte man sicherstellen, dass der in Frage kommende Wagen tatsächlich existiert und sich nicht voreilig von seinem Geld trennen.

11 Der Papierkram

– Sorgfältige Dokumentation ist unerlässlich!

Zulassung

Alle Länder verfügen über ein Registrierungssystem für Automobile. In Deutschland ist das der Kraftfahrzeugbrief und in den USA der so genannte „Pink Slip". Mitunter werden Re-Importe aus den USA – vornehmlich aus dem sonnenreichen Kalifornien – angeboten. Sie sind mit Vorsicht zu genießen. „Inspektion" bedeutet dort oft, dass man gern und häufig frisches Öl nachkippt, aber ansonsten keine Schraube löst.

Aufgrund starker Sonneneinstrahlung ist auch der Lack, zumindest die Klarlackschicht, oft regelrecht „verbrannt". Auch Innenausstattungen können gelitten haben. Wurde der entsprechende W 123 bereits einmal restauriert, bedeutet das nicht, dass diese Arbeiten hiesigen Standards entsprechen. Sofern die Optik stimmt, sehen unter anderem US-amerikanische Aufbereiter manches etwas lässiger. Grundsätzlich ist es wichtig, dass alle Unterlagen im Original vorliegen und vollständig sind, dass sie sich auf den in Frage kommenden Wagen beziehen und dass alle Details wie Motor- und Fahrgestellnummern korrekt angegeben sind. Alle früheren Besitzer sind ausschließlich im Kraftfahrzeugbrief aufgeführt. Daher sollte man sich nicht mit dem Kfz-Schein oder der Zulassungsbescheinigung Teil II begnügen, in der ja nur der aktuelle Besitzer und der letzte Vorbesitzer angegeben sind.

Vergleichen Sie alle Angaben im Brief mit dem Typenschild, das im Fahrzeug montiert ist. Besitzt der Wagen eine ausländische Zulassung, sollte man sich vorab bei den entsprechenden Stellen wie dem Zoll informieren, welche Formalitäten bei der Einführung des Wagens zu erledigen sind.

Hauptuntersuchung

Auch Klassiker und Liebhaberfahrzeuge wie der W 123 entgehen der Hauptuntersuchung nicht. Bei der Besichtigung spielen die letzten HU-Berichte eine entscheidende Rolle bei der Beurteilung des Objektes der Begierde. Also sollte man sich diese Unterlagen unbedingt zeigen lassen und bei Bedarf darauf bestehen, dass die von den Prüfern verlangten Reparaturen durch entsprechende Rechnungen dokumentiert werden.

Auch wenn der Wagen nicht mehr zugelassen ist, sollte man nicht darauf verzichten. So offenbaren sich mitunter schon vor der ersten genaueren Besichtigung mögliche gravierende Schwachpunkte. Sind diese Unterlagen nicht vorhanden, ist es durchaus möglich, dass der Verkäufer etwas zu verbergen hat.

Anmeldung

Ist das Fahrzeug noch zugelassen, ist die Ummeldung relativ unproblematisch. Wer viel Zeit, Geduld und Lust auf Bürokratie hat, kann selbst zum Straßenverkehrsamt fahren und dort seinen Wagen ummelden. Dazu benötigt man Kraftfahrzeugbrief und -schein respektive die Zulassungsbescheinigung Teil I und II, elektronische Versicherungsbestätigung (eVB), HU-/AU-Unterlagen, Personalausweis und Bargeld (oder EC-Karte) für die fälligen Gebühren und die neuen Kennzeichen. Hat man sich die Kennzeichen besorgt und montiert, steht der weiteren Fahrt nichts mehr im Weg.

Besitzt der Wagen keine Zulassung mehr, interessiert sich zunächst der TÜV für das Fahrzeug. Je nach Herkunft und Dauer der Abmeldung kann der TÜV auf eine Einzelabnahme bestehen, für die eine ausführliche technische Dokumentation notwendig ist. Ist diese Hürde genommen, begibt man sich zur Zulassungsstelle. Wer Zeit sparen will, kann auch entsprechende Dienstleister in Anspruch nehmen, die gegen eine Gebühr die Zulassung organisieren.

Bewertung

Mitunter hat der Verkäufer ein Wertgutachten von einer anerkannten Organisation wie Classic Data, DEKRA oder DAT anfertigen lassen, aus dem der Wert – oft unterteilt zwischen Markt- und Wiederbeschaffungswert – des Modells hervorgeht. Im Allgemeinen stellen solche Dokumente allerdings lediglich eine unverbindliche Richtgröße für den tatsächlichen Preis dar. Der Wiederbeschaffungswert interessiert primär die Versicherung.

Service-Historie

Häufig wurden die Wagen von ihren (hoffentlich fähigen) Besitzern selbst gewartet. Trotzdem sollte man so viele Details der Service-Historie wie möglich in Erfahrung bringen. Dabei kommt den Bescheinigungen und Rechnungen von Markenhändlern oder Fachbetrieben eine besonders große Bedeutung zu.

Tatsächlich sind alle Papiere bei der Dokumentation wichtig: Vom ersten Kaufvertrag bis zum Wartungsheft bekommt man so Antworten auf wichtige Fragen zur Geschichte des Fahrzeugs. Besonders ein Katalog des Modells aus dem entsprechenden Baujahr ist eine wichtige Informationsquelle. Die Behauptung des Besitzers, dass der Wagen restauriert worden sei, sollte man sich immer durch die entsprechenden Unterlagen belegen lassen.

Wenn der Verkäufer erklärt, den Service selbst vorgenommen zu haben, sollte man fragen, wann die Arbeiten ausgeführt wurden und nach entsprechenden Hinweisen suchen. Im besten Fall deckt sich Ihre Einschätzung des Gesamtzustands mit den Angaben des Verkäufers.

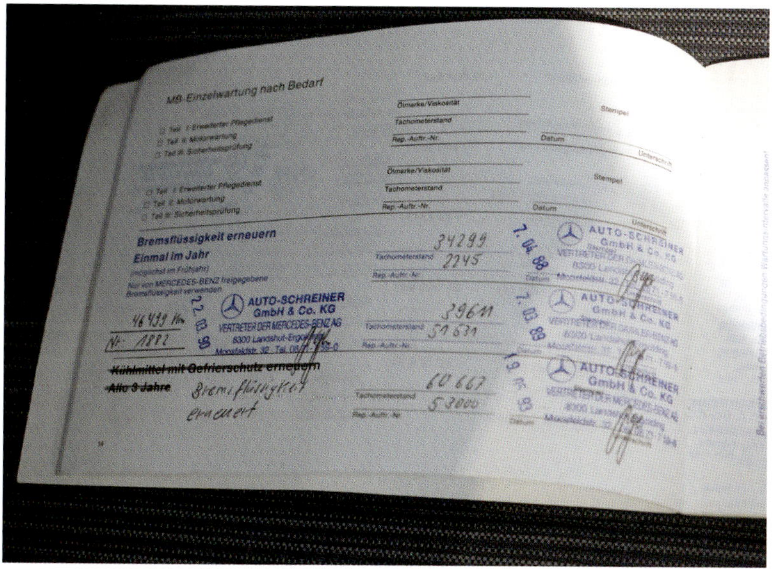

Ideal: Das Beste ist natürlich ein lückenlos geführtes Serviceheft – besser lässt sich die Fahrzeughistorie nicht nachweisen.

Restaurierungs-Fotos

Größere Restaurierungsmaßnahmen werden in der Regel mit einer Vielzahl von Fotos dokumentiert. Die aus verschiedenen Winkeln angefertigten Aufnahmen helfen, Umfang und Qualität der Arbeiten einzuschätzen. Wenn Sie den Wagen kaufen, bitten Sie den Verkäufer, Ihnen die Fotos zu überlassen, weil sie ein wichtiger Teil der Geschichte des Fahrzeugs sind.

Es ist erstaunlich, wie viele Besitzer bereit sind, sich zwar von ihrem Wagen zu trennen, die Fotos aber als Erinnerungsstücke behalten wollen. In einem solchen Fall kann man sich vermutlich auf Abzüge von den Originalen einigen.

Fahrgestellnummer und Sonderausstattungen

Jeder Mercedes, der das Werk verlässt, wird mit einer Prägeschild im Motorraum versehen, auf dem detailliert sämtliche Ausstattungsmerkmale angegeben sind – Modellvariante, Farbe der Lackierung, gewähltes Interieur sowie sämtliche Sonderausstattungen und Extras. Bei Fahrzeugen für den Export in die USA sitzt diese Plakette in der Regel unten auf der A-Säule der Fahrerseite. Im Internet gibt es diverse Webseiten, mit deren Hilfe man die Codes entschlüsseln und so wichtige Hinweise zur Originalität des besichtigten Autos erhalten kann.

Der Erstkäufer erhielt zudem mit den Wagenpapieren eine Datenkarte mit den Infos. Fehlt sie, lässt sie sich im Daimler-Archiv finden. Der Hersteller kann für jedes Auto die Datenkarte nachliefern. Dafür wird allerdings eine Gebühr fällig.

Die Fahrgestellnummer – auch VIN (Vehicle Identification Number) oder FIN (Fahrzeugindentnummer) genannt – umfasst 17-Stellen. Sie ist in ein Typschild aus dünnem Blech eingeprägt, das vorne im Motorraum angebracht ist. Die eigentliche, in die Karosserie eingeschlagene Chassis- oder Rahmennummer befindet sich ebenfalls im Motorraum oder im linken vorderen Einstieg. Zeitweise wurde die VIN auf bestimmten Märkten auch in die Windschutzscheibe eingeätzt.

Auch wenn es profan klingt: Man sollte sich immer die Mühe machen, Rahmennummer und Typschild sorgfältig miteinander abzugleichen.

Die Codes auf der Plakette verraten die Original-Ausstattung. Diese gehört zu einem Export-123er für den britischen Markt.

Das Typschild: Es gehört zu einem 250er mit Automatikgetriebe und in Rechtslenker-Ausführung.

12 Wie viel ist er wert?

Zustand

Möglicherweise war das Auto, das Sie sich angesehen haben, in derart schlechtem Zustand, dass Sie die in Kapitel 9 beschriebene Bewertung gar nicht erst vorgenommen haben. Falls doch, sollten Sie über eine recht genaue Einschätzung darüber verfügen, ob der Wagen sehr gut ist, nur gut, solala oder sogar schlecht – oder eben irgendetwas dazwischen. Sie sollten sich auch über die aktuellen Klassiker-Preise informiert haben, wie sie etwa im Oldtimer-Katalog aus dem HEEL Verlag zu finden sind. Bei Erscheinen dieses Ratgebers ist das die Ausgabe 33 (ISBN 978-3-95843-871-2). Dazu empfiehlt sich ein Blick auf die Verkaufsplattformen im Internet oder auf die Homepages einschlägiger Old- und Youngtimer-Händler. Grundsätzlich ist es ratsam, möglichst viele dieser Quellen zu nutzen.
Beim W 123 bewegen sich die Preise vor allem für Coupés und T-Modelle schon länger auf hohem Niveau, und längst ziehen auch Limousinen in gutem Zustand nach. Die Zeiten, da man gute W 123 noch für wenig Geld bekam, sind vorbei, und man sollte sich darüber im Klaren sein, dass es Gründe dafür gibt, wenn ein W 123 billig zu haben ist. Heutzutage wird ein W 123 kaum noch zum „Verheizen" gekauft, und wer das Auto länger behalten will, sollte damit rechnen, dass ein niedriger Einstandspreis sich vermutlich bald durch höhere Wartungs- und Reparaturkosten rächen wird.

Ausstattung

Sinnvoll

Bei seiner Markteinführung war der W 123 eher bescheiden ausgestattet. Heutige Selbstverständlichkeiten wie Servolenkung, elektrische Fensterheber oder hintere Kopfstützen wollten extra bezahlt sein. Die Liste der verfügbaren Extras war lang und umfasste auch – zumindest für den Europäer – extravagante Merkmale wie beheizbare Sitze, Klimaanlage oder Fahrer-Airbag. Wer auf so etwas Wert legt, muss unter Umständen länger suchen. Es stellt sich die Frage, ob es bei einem Klassiker wie dem 123er nicht viel wichtiger ist, ein möglichst original und gut erhaltenes Auto zu suchen, bei dem es dann auf Komfortausstattung nicht so sehr ankommt.

Schiebedachfreunde haben gute Aussichten: Seinerzeit war das ein beliebtes Extra.

Einige Extras von damals sind aber durchaus kein Luxus, sondern sinnvoll. Allen voran ist dies die Servolenkung, mit der ein W 123 einfach um Welten besser zu fahren ist. Ähnliches gilt für das Automatikgetriebe, während das seinerzeit häufig angekreuzte Schiebedach schon eher verzichtbar ist. Man mag es für eine Ersatzlösung, für die meist nicht vorhandene Klimaanlage schätzen, aber es erfordert Wartung und ist im heutigen Al-

Automatikgetriebe, makellose Lederausstattung und ein zeitgenössisches Becker-Autoradio schmücken diesen 250.

Zur feinen zurückhaltenden Eleganz des Coupés passen die Barockfelgen besonders gut.

ter oft eine potenzielle Gefahrenstelle, Stichwort eindringendes Wasser. Getönte Scheiben passen immer gut zu einem Fahrzeug der höheren Wertigkeitsklasse, wie es der W 123 ist. Velours- oder Ledersitze erst recht, aber bei Verschleiß oder Schäden können sie unangenehm teuer werden, und in Sachen Haltbarkeit geht nichts über MB-Tex.
Ob es unbedingt die „Barock"-Alufelge sein soll, muss jeder Liebhaber für sich selbst entscheiden; am Coupé mit seinem sportlicheren Touch mag man sie für gesetzt halten, aber auch die klassischen Radkappen sind zweifellos wunderschön. Im T-Modell ist die dritte Sitzreihe besonders begehrenswert.

Verzichtbar

Es gibt Sammler, die grundsätzlich originale, möglichst einfach ausgestattete Autos bevorzugen, aber noch einmal: Die Servolenkung sollte wirklich an Bord sein. Beim Außenlack entsprechen mimosengelb (Code 618) oder cayenne-orange (406) eher dem Zeitgeschmack der 70er als dem heutigen, was manchem Fan heute aber just deshalb besonders gut gefällt. Es gab den W 123 natürlich auch in gedeckteren Farben und Metallic-lackiert. Ein Diesel in 623 hellelfenbein wird wohl früher ein Taxi gewesen sein.
Der W 123 wurde von verschiedenen Tunern mit größeren Alurädern, Karosseriekits und auch speziellen Innenausstattungen modifiziert. In Erinnerung geblieben sind vor allem AMG, Brabus, Lorinser und Zender. Gute Umbauten namhafter Hersteller können interessant sein. Auch für sie gilt: Sie sollten komplett und gut erhalten sein.

Feilschen

Bei den Preisverhandlungen kommt alles bisher Erklärte zur Sprache: den (gemeinsam) festgestellten Zustand des Autos, eventuell fehlende Ausstattungsdetails, zu erwartende Reparaturkosten, die Marktlage. In die Verhandlungen steigt man dann mit einem möglichst niedrig angesetzten Vorschlag ein, hat aber bereits im Hinterkopf eine absolute Obergrenze festgemacht. Wobei absolut vielleicht der falsche Begriff ist – wenn das Auto tatsächlich „besser als neu" ist oder bestimmte Ausstattungsmerkmale aufweist, die man wirklich gerne hätte, sollte man sich unter Umständen noch eine zweite Obergrenze offenhalten.

Auf vieles lässt sich verzichten – auf die Servolenkung besser nicht.

13 Restaurieren – ja oder nein?

Lange Zeit sind hierzulande ausgemusterte 123er in den Export etwa nach Afrika gegangen: Zu der Tatsache, dass es sich um ein grundrobust konstruiertes Fahrzeug handelt, kommt hinzu, dass die Technik überschaubar und wartungsfreundlich ausgelegt ist. Längst wird die Baureihe aber als Klassiker gehandelt, und da stellt sich auch bei sehr mitgenommenen und verbrauchten Exemplaren natürlich die Frage, ob sich auch für mutmaßliche Schrotthaufen die Wiederherstellung lohnt.

Trotz der auch nach heutigen Maßstäben sehr stabilen Karosseriestruktur sind Zerlegung, Reparatur und Zusammenbau für erfahrene Menschen keine unlösbare Herausforderung, zumal es genügend Ersatzteile – neue wie gebrauchte – gibt. Dabei muss niemand auf Reproduktionen zurückgreifen, das meiste gibt es nach wie vor neu an der Teiletheke der Mercedes-Niederlassung.

Sparen lässt sich mit der gut sortierten Auswahl des werkseigenen Gebrauchtteile-Centers (MBGTC), die Suche auf einschlägigen Schrottplätzen oder im Internet ist ebenfalls vielversprechend. Aufpassen sollte man bei Fahrzeugen, die bereits erkennbar Reparaturen hinter sich haben oder für kleines Geld „über den TÜV geschweißt" wurden. Schlamperei rächt sich immer!

Auch was Elektrik- und Elektronikteile wie Steuergeräte anbetrifft, ist der Gebrauchtmarkt – vorrangig das MBGTC (dort gibt es geprüfte Komponenten mit Garantie) – gut sortiert und bietet in allen Preisklassen Ersatz.

Fragen und Antworten

Lohnt es sich, ein Auto zu restaurieren, das noch in verhältnismäßig großer Zahl auf den Straßen unterwegs ist? Kommt darauf an, mitunter verleitet enge persönliche Bindung zu einem ganz bestimmten Exemplar zu – nach den Regeln reiner Wirtschaftlichkeit – übertriebenen Investitionen. So gibt es in der Tat genügend gute Fahrzeuge, so dass sich im Zweifel die Suche nach dem besseren Auto eher auszahlt, als viel Geld in ein marodes Exemplar zu versenken.

Allerdings werden 123er mittlerweile auch zu ganz respektablen Preisen gehandelt, namentlich die höchst begehrten T-Modelle. Da lockt dann schon einmal ein schlechteres Auto, das aber noch zu einigermaßen günstigem Preis zu erwerben ist. Man muss sich dann aber auch im Klaren darüber sein, dass die Restaurierung unter Umständen erhebliche Summen verschlingen kann. Die Kernsanierung eines 123ers – zumal, wenn in Fachwerkstätten erledigt – bewegt sich in einer finanziellen Region, die mindestens einem wirtschaftlichen Totalschaden gleichzusetzen ist. Handelt es sich beim betreffenden Fahrzeug also nicht um eine sehr seltene Variante oder eventuell um eins mit einer persönlichen Geschichte („Das ist der Benz vom Opa, den will ich unbedingt erhalten!"), sollte man von einer Komplettrestaurierung aus wirtschaftlichen Gründen absehen.

Wer bei der Restaurierung so weit geht, hat am Ende wohl ein Auto „besser als neu".

14 Lackprobleme

Lackprobleme entstehen zumeist aufgrund unzureichender Vorarbeiten für eine Neulackierung oder Ausbesserung. Einige der folgenden Probleme werden Sie bei der Klassiker-Suche häufiger antreffen.

Orangenhaut

Die ungleichmäßige Lackoberfläche erinnert an die Schale einer Orange. Das Problem entsteht, wenn der Lack zu wenig verdünnt wurde (häufig auch in Kombination mit einem zu großen Sprühabstand). Auch extreme Temperaturunterschiede zwischen der Umgebung und der zu lackierenden Oberfläche fördern die Bildung einer Orangenhaut. Dieser Effekt lässt sich in leichteren Fällen mit einer entsprechenden Politur oder sehr feinem Schleifpapier beseitigen. Je nach Ausmaß dieses Lackierfehlers ist eine Neulackierung empfehlenswert. Hier hilft auf jeden Fall die Begutachtung durch einen Experten.

Risse

Risse im Lack können vor allem durch zu viel Spachtelmasse entstehen. Wird dem Lack zu viel Härter beigemischt oder besteht eine Unverträglichkeit zwischen der neu aufgetragenen Farbsorte und der bereits vorhandenen Lackierung, kann es ebenfalls zu diesen Erscheinungen kommen. Bei einer umfassenden Restaurierung sollte man vor der Neulackierung sämtliche Lackschichten entfernen, um dieses Problem sicher auszuschließen.

Haarrisse

Wenn sich feine Haarrisse über die Lackoberfläche verteilen, liegt häufig eine Unverträglichkeit des Lacks mit der verwendeten Grundierung vor. In diesem Fall muss man sich Gedanken über eine Neulackierung machen.

Blasen

Korrosion unter der Lackierung verursacht unweigerlich Blasen. Werden sie erst einmal richtig sichtbar, ist der Schaden an den Blechen vermutlich ziemlich groß. Vor einer Neulackierung muss in diesen Fällen zunächst das betroffene Blech repariert werden.

Mikroblasen

Diese Blasen lassen auf eine preiswerte Lackierung schließen, bei der die Oberfläche nicht gründlich trocknen konnte. Am besten holt man sich Rat bei einem Spezialisten, doch wird man häufig in dem betroffenen Bereich die alte Lackierung vollständig entfernen müssen. Als Ursache für die Blasen kommen aber auch Fahrzeugabdeckungen in Frage, die nicht „atmen".

Blasen wie diese lassen auf größere Schäden schließen.

Verblassen

Einige Farben, vor allem Rot, neigen dazu, bei starker Sonneneinstrahlung und ohne Schutz durch entsprechende Politur zu verblassen. Wenn eine Behandlung mit einem Lackreiniger nicht ausreicht, kommt man um eine Neulackierung nicht herum.

Abblättern

Vor allem bei Metallic-Lackierungen kann es vorkommen, dass der Klarlack abblättert. Schlecht aufgetragener Einschicht-Lack zeigt ebenfalls diese Erscheinung. Konsequenterweise muss das Fahrzeug auch in diesen Fällen neu lackiert werden.

Einschlüsse

Wenn bei den Vorbereitungen zum Lackieren und beim eigentlichen Lackiervorgang nicht auf Sauberkeit geachtet wurde, kommt es zu Staub- und Schmutzeinschlüssen, die sich nicht ohne Weiteres entfernen lassen. Da hilft nur eine vollständige Neulackierung.

Beulen

Kleinere Beulen lassen sich leicht vom „Beulen-Doktor" (Adressen im Internet) sanft und meistens ohne Folgen für den Lack aus dem Blech ziehen, sofern die Lackoberfläche noch intakt ist. Auf jeden Fall sollte man berücksichtigen, dass bei vielen Oldtimern dickere Bleche verwendet wurden als bei heutigen Fahrzeugen und sich dadurch die Arbeit des Beulen-Doktors manchmal schwieriger – und somit teurer als angenommen – gestalten kann.

Klassische 70er-Jahre-Farben bringen Pep ins automobile Einerlei.

15 Daten und Fakten

Karosserieausführung	Produktionszahlen
Limousine (normaler Radstand)	2.375.440
Limousine (langer Radstand)	13.700
Coupé	99.884
T-Modell	199.517
Chassis für Spezialaufbauten	8373
Gesamt	2.696.914
Über 40 % der Gesamtproduktion gingen in den Export und mehr als die Hälfte (54 %) waren mit einem Dieselmotor ausgestattet.	

Technische Daten
Motor und Getriebe (Benzin-Modelle)

Modell	Baujahr	Hubraum (ccm)	Motortyp	Motorbauart	Leistung (PS bei 1/min)
200	1976-1980	1988	M115	4-Zylinder-Reihenmotor	94/4800
200	1980-1985	1997	M102	4-Zylinder-Reihenmotor	109/5200
230	1976-1980	2307	M115	4-Zylinder-Reihenmotor	109/4800
230 E	1980-1985	2299	M102	4-Zylinder-Reihenmotor	136/5100
250	1976-1985	2525	M123	6-Zylinder-Reihenmotor	129/5500*
280 E	1975-1985	2746	M110	6-Zylinder-Reihenmotor	177/6000**

* ab 09/1979 140 PS bei 5500/min und 200 Nm bei 3500/min
** ab 04/1978 185 PS bei 5800/min und 240 Nm bei 4500/min

Motor und Getriebe (Diesel-Modelle)

Modell	Baujahr	Hubraum (ccm)	Motortyp	Motorbauart	Leistung (PS bei 1/min)
200D	1976-1985	1988	OM615	4-Zylinder-Reihenmotor	55/4200*
220D	1976-1979	2197	OM615	4-Zylinder-Reihenmotor	60/4200
240D	1976-1985	2404**	OM616	4-Zylinder-Reihenmotor	65/4200**
300D	1976-1985	3005***	OM617	5-Zylinder-Reihenmotor	80/4000***
300D Turbodiesel	1981-1985	2998	OM617	5-Zylinder-Reihenmotor	125/4350

* ab 02/1979 60 PS bei 4400/min
** ab 08/1978 2399 ccm Hubraum, 72 PS bei 4400/min
*** ab 08/1978 2998 ccm Hubraum, 88 PS bei 4400/min
**** ab 02/1982 5-Gang-Schaltgetriebe optional

Max. Drehmoment (Nm bei 1/min)	Lieferbare Getriebeausführung
158/3000	4-Gang-Manuell / 4-Gang-Automatik
170/3000	4- oder 5-Gang-Manuell M / 4-Gang-Automatik
186/3000	4-Gang-Manuell / 4-Gang-Automatik
205/3500	4- oder 5-Gang-Manuell M / 4-Gang-Automatik
192/3500*	4- oder 5-Gang-Manuell M / 4-Gang-Automatik
234/4500**	4- oder 5-Gang-Manuell M / 4-Gang-Automatik

Max. Drehmoment (Nm bei 1/min)	Lieferbare Getriebeausführung
113/2400	4- oder 5-Gang-Manuell / 4-Gang-Automatik****
126/2400	4-Gang-Manuell / 4-Gang-Automatik
137/2400	4- oder 5-Gang-Manuell / 4-Gang-Automatik ****
172/2400	4- oder 5-Gang-Manuell / 4-Gang-Automatik ****
230/2400	4-Gang-Automatik****†

Fahrwerk

- Einzelradaufhängung vorne/hinten
- Niveauregulierung an der Hinterachse bei T-Modellen und Limousinen mit langem Radstand
- Kugelumlauflenkung, je nach Modell serienmäßig oder gegen Aufpreis mit Servounterstützung
- Scheibenbremse vorne/hinten; ab Oktober 1980 optional mit ABS
- Alle Modelle mit 14-Zoll-Rädern, ausgenommen die Ausführungen mit langem Radstand

Leistungdaten

Modell	Höchstgeschwindigkeit	Beschleunigung 0 auf 100 km/h (s)
200 (Motor M115, Schaltgetriebe)	160 km/h	15,2
230CE (Automatik)	175 km/h	12,3
280TE (Automatik)	195 km/h	11,2
200D (55 PS, Schaltgetriebe)	130 km/h	31,0
240D (72 PS, Schaltgetriebe)	143 km/h	22,0
300D (88 PS, Automatik)	150 km/h	19,2
300TD Turbodiesel (Automatik)	165 km/h	15,0

Abmessungen

Modell	Länge	Breite	Höhe	Radstand	Tankinhalt
Limousine (normaler Radstand)	4725 mm	1786 mm	1438 mm	2795 mm	65 l / 80 l bei den Sechszylinder-Modellen
Coupé	4640 mm	1786 mm	1395 mm	2710 mm	65 l / 80 l bei den Sechszylinder-Modellen
T-Modell	4725 mm	1786 mm	1470 mm	2795 mm	70 l
Limousine (langer Radstand)	5355 mm	1786 mm	1480 mm	3425 mm	65 l

Gewicht

1340 kg bis1630 kg, abhängig von Modell und Ausstattung

16 Wichtige Adressen und Ansprechpartner

Clubs

Mercedes-Benz W 123-Club e.V.
Paarener Str. 9
14621 Schönwalde / Glien
www.w123-club.de

Verein für Freunde des W 123 e.V.
Kirchstraße 19
71277 Rutesheim
www.vfw123.de

Mercedes-Benz Interessengemeinschaft e.V.
Im Hang 16
52428 Jülich
www.mbig.de

Teile

Mercedes-Benz Gebrauchtteile Center GmbH
www.mbgtc.de
Überwiegend professionell aufgearbeitete Ersatzteile für alle Baureihen.
Nicht günstig, dafür mit Werksgarantie.

TE Taxiteile GmbH
www.te-taxiteile.com
Ersatzteilgroßhandel für MB-Baureihen, die es als Taxiausführung gab. Ersatzteile in unterschiedlichen Qualitätsstufen zum sehr guten Preis-Leistungs-Verhältnis. Attraktive Sonderaktionen.

Carus GmbH
www.carus-parts.de
Ersatzteile für alle Youngtimer-Baureihen aus dem Hause Mercedes-Benz, überwiegend Erstausrüsterqualität.

Bücher und (Online-) Magazine

Mercedes-Benz W 123 – Mittelklasse statt Mittelmaß
HEEL Verlag Königswinter,
ISBN 978-3-89880-254-3,
29,90 Euro

www.mercedes-fans.de
Das Online-Magazin mit Stern. Täglich neue Informationen über klassische und neue Mercedes, Forum, Markt und Termine.

Mercedes-Benz Classic
Offizielles Clubmagazin der Mercedes-Benz AG

Ponton-Kurier
Clubmagazin der Mercedes-Benz IG e.V.

Classic Data
Wenn´s drauf ankommt setzen unsere Sachverständigen ihre rosarote Brille ab.